数值分析
基于Julia

[美] 吉拉伊·奥克滕（Giray Ökten）著
史明仁 译

First Semester in Numerical Analysis with Julia

机械工业出版社
China Machine Press

图书在版编目（CIP）数据

数值分析：基于 Julia /（美）吉拉伊·奥克滕（Giray Ökten）著；史明仁译．-- 北京：机械工业出版社，2021.4（2021.11 重印）
（计算机科学丛书）
书名原文：First Semester in Numerical Analysis with Julia
ISBN 978-7-111-67956-1

I. ①数… II. ①吉… ②史… III. ①数值分析 – 研究 ②程序语言 – 程序设计 IV. ① O241 ② TP312

中国版本图书馆 CIP 数据核字（2021）第 062536 号

本书版权登记号：图字 01-2020-4200

本书详细介绍数值分析的理论和方法，并用 Julia 编程语言给出了算法实现。第 1 章除了复习数值分析要用到的微积分知识外，还介绍了 Julia 基础，以及实数的计算机表达与由此产生的误差；第 2~5 章涵盖数值分析课程的四部分内容：方程求根、插值、数值积分和数值微分、逼近理论。本书通过直观图示或简单例子引入方法，然后透彻讲解方法的思路并给出几何解释。线性代数与微积分基础较好的学生可以用本书进行自学，教师则可以从中开阔眼界，学到与众不同的思维方式与教学方法。

出版发行：机械工业出版社（北京市西城区百万庄大街 22 号 邮政编码：100037）

责任编辑：王春华 柯敬贤	责任校对：殷 虹
印 刷：北京捷迅佳彩印刷有限公司	版 次：2021 年 11 月第 1 版第 3 次印刷
开 本：185mm×260mm 1/16	印 张：13.25
书 号：ISBN 978-7-111-67956-1	定 价：79.00 元

客服电话：（010）88361066 88379833 68326294　投稿热线：（010）88379604
华章网站：www.hzbook.com　读者信箱：hzjsj@hzbook.com

译者序

本书涵盖了方程求根、插值、数值积分和数值微分，以及逼近理论等四部分的内容，这是美国大学“数值分析”课程第一学期的标准内容。

本书的最大特点就是在阐述数值分析的理论、方法时融入 Julia 编码与计算，并用 Julia 语言给出了算法实现。Julia 是免费的编程语言，与 MATLAB、Python 十分相似。Julia 的简易性使得在描述一个算法后，可以跳过以往数值分析或计算方法课程中的形式语言（伪代码），而直接书写计算机代码。实际上，随着计算机技术的迅猛发展，科学计算、理论、实验三足鼎立，相辅相成，成为人类科学活动的三大方法。理论往往为科学计算奠定基础，实验所得的大量数据又需要靠科学计算来拟合分析。数值分析这门课程正是在计算机问世以后应运而生的。如果简单地把数学表达式“翻译”成编程语句，即使对于基本的四则运算、二次方程求根，也可能“差之毫厘，谬以千里”，计算机得到的结果由于误差太大而完全“失真”。本书用很多例子来说明数值误差分析的重要性与必要性。理论上提出的算法，最后必须用计算机语言编程实现，才能真正成为算法。而科研工作者只有在计算机上实现一个算法，才能对算法有透彻的理解。

本书的另一个特点是循循善诱、深入浅出。对于许多方法，本书并不是以“定义”“定理”开场，而是通过直观图示或简单例子引入，然后透彻讲解方法的思路并给出几何解释。每章都有一个大学生（用作者女儿的名字）的学习故事，旨在提高学生学习数值分析的兴趣。

本书更像是讲课笔记，线性代数与微积分基础较好的学生可以用本书进行自学，教师则可以从中开阔眼界，学到与众不同的思维方式与教学方法。

史明仁

2020 年 10 月

前言

First Semester in Numerical Analysis with Julia

本书是以我为三年级大学生讲授数值分析的讲课笔记为基础写成的，包含了美国大学“数值分析”课程第一学期的标准内容。阅读本书前，读者需了解微积分和线性代数。了解一些编程语言知识将更为有利，但这不是必需的。本书将会介绍编程语言 Julia。

本书阐述了数值分析的理论、方法以及如何使用编程语言 Julia（1.1.0 版本）实现算法。我写作本书的初衷，就是在教材中融入编码与计算。Julia 的简易性使得在描述一个方法后，可以跳过形式语言（伪代码），而直接编写计算机代码。它也最大限度地减少了计算机代码的呈现可能对主要叙述脉络的干扰。编写 Julia 代码时，优先考虑的是如何使得它仿照文中推导出来的算法，而不是它的效率。Julia 软件在麻省理工学院的许可下是免费的，可以从 https://julialang.org 下载。

写作本书的时候，我迫切需要一种喜剧式的放松：创建一个“大学生”角色，她出现在每一章。希望这个角色会带来幽默，使得学生对数值分析课程更感兴趣。感谢我的女儿艾丽娅・奥克滕（Arya Ökten），她就是一名应用数学专业的大学生，她很大方地答应让这个角色使用她的名字。我也感谢她阅读了部分早期的书稿，并为本书作图。

感谢同事 Paul Beaumont，他使我了解了 Julia。感谢 Sanghyun Lee，他在他的数值分析课上使用了本书，并提出若干修改建议，从而改进了本书。感谢我的同事 Steve Bellenot、Kyle Gallivan、Ahmet Göncü 和 Mark Sussman 在我写书期间给予的有益讨论。感谢 Steve 在 3.4 节的启发性例子“艾丽娅和字母 NUH”以及 Ahmet 在 5.1 节的气温数据例子的建模中提供的帮助。本书得到了佛罗里达州立大学图书馆的 Alternative Textbook Grant 的资助。感谢数字研究和奖学金办公室主管 Devin Soper、技术人员 Matthew Hunter 和毕业生助理 Laura Miller 的帮助。最后，感谢上数值分析课程的学生，他们的反馈帮助完善了本书。

吉拉伊・奥克滕

2018 年 12 月

佛罗里达州塔拉哈西

目 录

First Semester in Numerical Analysis with Julia

第1章

导　　论

1.1 微积分复习

在数值分析中，我们需要几个微积分的概念与结论。这一节我们列出后面要用到的一些定义和定理。本书的大部分函数是指定义在实数集 **R** 或区间 $(a,b) \subset \mathbf{R}$ 上的实值函数。

定义 1

1. 如果对于任意给定的 $\varepsilon > 0$，总存在 $\delta > 0$，每当 x 满足 $0 < |x - x_0| < \delta$ 时，都有 $|f(x) - L| < \varepsilon$，则称函数 f 在 x_0 处有极限 L，记为 $\lim_{x \to x_0} f(x) = L$。
2. 如果 $\lim_{x \to x_0} f(x) = f(x_0)$，则称函数 f 在 x_0 处连续。如果函数 f 在每一点 $x_0 \in A$ 连续，则称函数 f 在集合 A 上连续。
3. 设 $\{x_n\}_{n=1}^{\infty}$ 是一个无穷实数列。如果对于任意给定的 $\varepsilon > 0$，总存在整数 $N > 0$，每当 $n > N$ 时，都有 $|x_n - x| < \varepsilon$，则称该数列有极限 x，记为 $\lim_{n \to \infty} x_n = x$（或写为"当 $n \to \infty$ 时，$x_n \to x$"）。

定理 2　下列陈述对实值函数 f 是等价的：

1. f 在 x_0 处连续。
2. 对于任何收敛到 x_0 的数列 $\{x_n\}_{n=1}^{\infty}$，都有 $\lim_{n \to \infty} f(x_n) = f(x_0)$。

定义 3　如果极限

$$f'(x_0) = \lim_{x \to x_0} \frac{f(x) - f(x_0)}{x - x_0} = \lim_{h \to 0} \frac{f(x_0 + h) - f(x_0)}{h}$$

存在，我们称 $f(x)$ 在 x_0 处可微。

符号 $C^n(A)$ 表示在 A 上 n 阶连续可导的函数 f 的集合。如果 f 仅在 A 上连续，则我们写为 $f \in C^0(A)$。$C^\infty(A)$ 则由在 A 上具有所有阶导数（即无穷可导）的函数 f 组成。例如 $f(x)=\sin x$ 或 $f(x)=e^x$。

下面这个大家熟知的微积分定理在本书的其余部分将经常用到。

定理 4（微分中值定理） 如果 $f \in C^0[a,b]$，且在 (a,b) 上可导，则存在 $c \in (a,b)$ 使得 $f'(c)=\dfrac{f(b)-f(a)}{b-a}$。

定理 5（极值定理） 如果 $f \in C^0[a,b]$，则 f 达到它在整个闭区间 $[a,b]$ 上的最大值与最小值。如果 f 还在 (a,b) 上可导，则在端点 a,b 处取得极值，或者在中间的导数值 f' 为 0 处取得极值。

定理 6（介值定理） 如果 $f \in C^0[a,b]$，K 是介于 $f(a)$ 与 $f(b)$ 之间的一个值，则存在一个点 $c \in (a,b)$，使得 $f(c)=K$ 成立。

定理 7（泰勒定理） 设 $f \in C^n[a,b]$，$f^{(n+1)}$ 在 (a,b) 上存在，$x_0 \in (a,b)$，则对于 $x \in (a,b)$，

$$f(x)=P_n(x)+R_n(x)$$

其中 P_n 是 n 阶的泰勒多项式

$$P_n(x)=f(x_0)+f'(x_0)(x-x_0)+f''(x_0)\frac{(x-x_0)^2}{2!}+\cdots+f^{(n)}(x_0)\frac{(x-x_0)^n}{n!}$$

R_n 为余项

$$R_n(x)=f^{(n+1)}(\xi)\frac{(x-x_0)^{n+1}}{(n+1)!}$$

这里 ξ 是介于 x 和 x_0 之间的某个数。

例 8 设 $f(x)=x\cos x-x$。

1. 求出在点 $x_0=\pi/2$ 的泰勒多项式 $P_3(x)$，并用它来近似 $f(0.8)$。
2. 计算 $f(0.8)$ 的准确值和误差 $|f(0.8)-P_3(0.8)|$。
3. 使用余项 $R_3(x)$ 来求出误差 $|f(0.8)-P_3(0.8)|$ 的上界，并将此上界与 2 中求出的实际误差进行比较。

7

解

1. 首先注意到 $f(\pi/2) = -\pi/2$。对 f 求导，我们得到

$$f'(x) = \cos x - x\sin x - 1 \Rightarrow f'(\pi/2) = -\pi/2 - 1$$

$$f''(x) = -2\sin x - x\cos x \Rightarrow f''(\pi/2) = -2$$

$$f'''(x) = -3\cos x + x\sin x \Rightarrow f'''(\pi/2) = \pi/2$$

所以

$$P_3(x) = -\pi/2 - (\pi/2+1)(x-\pi/2) - (x-\pi/2)^2 + \frac{\pi}{12}(x-\pi/2)^3$$

因此，用 $P_3(0.8)$ 来近似 $f(0.8)$（四舍五入到 4 位小数）得到 $P_3(0.8) = -0.3033$。

2. 准确值 $f(0.8) = -0.2426$，从而绝对误差是

$$|f(0.8) - P_3(0.8)| = 0.060\,62$$

3. 为求出误差的上界，把误差写为

$$|f(0.8) - P_3(0.8)| = |R_3(0.8)|$$

其中余项

$$R_3(0.8) = f^{(4)}(\xi)\frac{(0.8-\pi/2)^4}{4!}$$

而 ξ 在 0.8 与 $\pi/2$ 之间。我们需要对 f 再一次求导：$f^{(4)}(x) = 4\sin x + x\cos x$。因为 $0.8 < \xi < \pi/2$，应用三角不等式，我们可以求出 $f^{(4)}(x)$ 的上界，从而得到 $R_3(0.8)$ 的上界：

$$|R_3(0.8)| = \left|f^{(4)}(\xi)\frac{(0.8-\pi/2)^4}{4!}\right| = |4\sin\xi + \xi\cos\xi|(0.014\,71)$$

$$\leqslant 0.058\,83|\sin\xi| + 0.014\,71|\xi||\cos\xi|$$

注意到 $0.8 < \xi < \pi/2$，$\sin\xi$ 是正的递增函数，$|\sin\xi| < \sin(\pi/2) = 1$。至于第二项的上界，我们可以这样来找到：通过观察 $|\xi|$ 在 $0.8 < \xi < \pi/2$

达到最大值 $\pi/2$，以及 $\cos\xi$（在 $0.8<\xi<\pi/2$ 上是一个递减的正值函数）有最大值 $\cos 0.8=0.6967$。把这些结果放到一起，我们得到

$$|R_3(0.8)|<0.058\,83(1)+(0.014\,71)(\pi/2)(0.6967)\approx 0.074\,93$$

8

这样，我们对实际误差（由 2，它是 0.060 62）的估值是 0.074 93。

习题 1.1-1 求出函数 $f(x)=e^x\sin x$ 在 $x_0=0$ 处的 2 阶泰勒多项式 $P_2(x)$。

a) 计算 $P_2(0.4)$，以它来近似 $f(0.4)$。使用余项 $R_2(0.4)$ 来求出误差 $|P_2(0.4)-f(0.4)|$ 的上界，并将它与实际误差比较。

b) 计算 $\int_0^1 P_2(x)\,dx$，以它来近似 $\int_0^1 f(x)\,dx$。用 $\int_0^1 R_2(x)\,dx$ 来求误差的上界，并将它与实际误差比较。

1.2 Julia 基础

第一步是从 Julia 网站 `https://julialang.org` 下载 Julia 编程语言。我在本书中使用 Julia 1.1.0。有不同的环境和编辑器来运行 Julia。下面我将使用 Jupyter 环境（`https://jupyter.org`）。关于如何安装软件的说明会过时：我在 Julia 终端上运行命令 `using IJulia; jupyterlab()` 来安装 Jupyter 环境，但这可能会在该软件的未来版本中改变。在 `https://julialang.org` 上有关于 Julia 的教程和其他资源，在那里你可以找到关于安装 Julia 和 Jupyter 的最新信息。

Jupyter 环境使用所谓的 Jupyter 笔记本，用户可以在其中书写和编辑 Julia 代码，运行代码，以及把成果输出为各种文件格式，包括 Latex 和 pdf。我们与 Julia 的大部分互动都是通过 Jupyter 笔记本进行的。一个例外是当我们需要安装软件包的时候。Julia 软件包为核心程序提供了额外的功能，它有许多软件包，从可视化到并行计算和机器学习。要安装一个软件包，通过点击软件图标打开 Julia，这个图标会打开称为 Julia REPL（Read-EvaluatePrint-Loop）的 Julia 终端。在 Julia REPL 中按下 **]**（右方括号）进入软件包模式。一进入软件包模式，键入“add PackageName”将会安装软件包（要回到 Julia REPL，按退格键 (backspace)、delete 或 shift+C）。在 Julia 1.1 文档（`https://docs.julialang.org/en/v1/index.html`）中键入 Pkg，可以了解关于软

件包的更多信息。

安装了 Julia 和 Jupyter 后，打开 Jupyter 笔记本，下面是我的笔记本的截图：

9

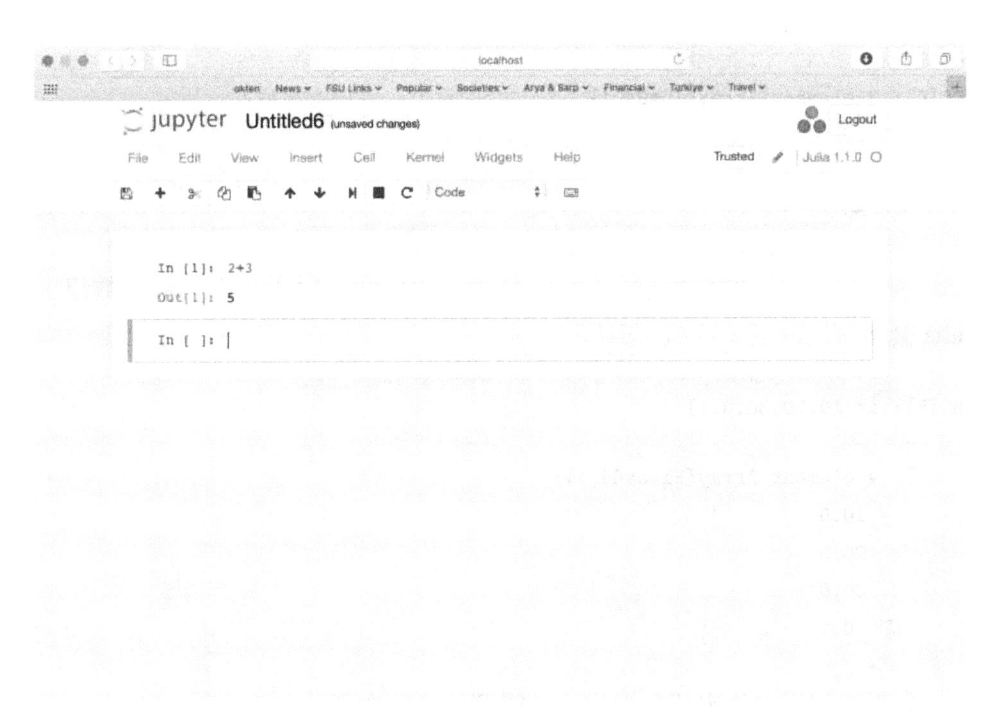

让我们从一些基本的计算开始。

```
In [1]: 2+3

Out[1]: 5

In [2]: sin(pi/4)

Out[2]: 0.7071067811865475
```

了解函数的一种方法是在线搜索 Julia 文档 `https://docs.julialang.org/`。例如，对数函数的语法是 $\log(b,x)$，其中 b 是对数的底。

```
In [3]: log(2,4)

Out[3]: 2.0
```

数组

下面是创建一个数组的基本语法：

```
In [4]: x=[10,20,30]

Out[4]: 3-element Array{Int64,1}:
         10
         20
         30
```

10

这是一个 64 比特的整数（Int）数组。如果我们输入一个实数（数组），Julia 会相应地改变（数组）类型：

```
In [5]: x=[10,20,30,0.1]

Out[5]: 4-element Array{Float64,1}:
         10.0
         20.0
         30.0
          0.1
```

如果我们用空格来代替逗号，就得到一个行向量：

```
In [6]: x=[10 20 30 0.1]

Out[6]: 1×4 Array{Float64,2}:
         10.0  20.0  30.0  0.1
```

为得到一个列向量，我们把这个行向量转置（一撇）：

```
In [7]: x'

Out[7]: 4×1 LinearAlgebra.Adjoint{Float64,Array{Float64,2}}:
         10.0
         20.0
         30.0
          0.1
```

下面是构作一维数组的另一种方法和某些数组运算：

```
In [8]: x=[10*i for i=1:5]
```

```
Out[8]: 5-element Array{Int64,1}:
         10
         20
         30
         40
         50

In [9]: last(x)

Out[9]: 50

In [10]: minimum(x)

Out[10]: 10

In [11]: sum(x)

Out[11]: 150

In [12]: append!(x,99)

Out[12]: 6-element Array{Int64,1}:
          10
          20
          30
          40
          50
          99

In [13]: x

Out[13]: 6-element Array{Int64,1}:
          10
          20
          30
          40
          50
          99

In [14]: x[4]

Out[14]: 40

In [15]: length(x)
```

11

```
Out[15]: 6
```

点语法（dot syntax）是将函数应用于数组的一种简单方法。

12

```
In [16]: x=[1, 2, 3]

Out[16]: 3-element Array{Int64,1}:
          1
          2
          3

In [17]: sin.(x)

Out[17]: 3-element Array{Float64,1}:
          0.8414709848078965
          0.9092974268256817
          0.1411200080598672
```

作图

有数个具有作图功能的软件包，我们将用 PyPlot 软件包。为安装这个软件包，打开 Julia 终端。它看上去是这样的：

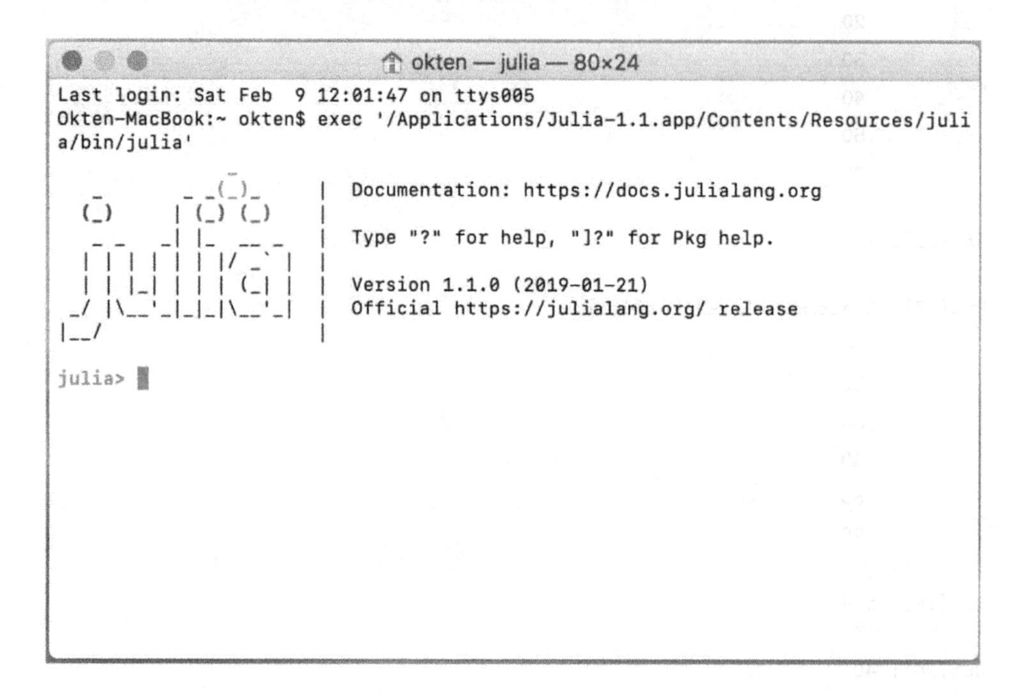

13

按] 切换到软件包模式，输入 “add PyPlot”。你的终端看起来是这样的：

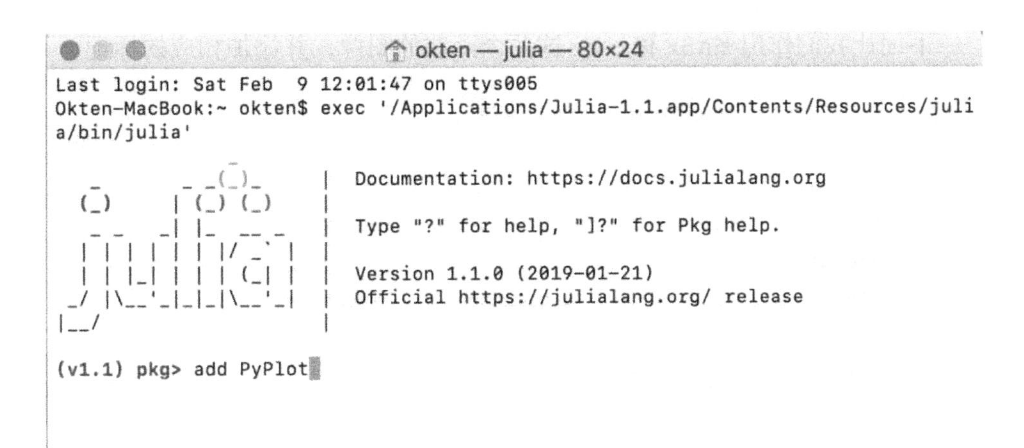

加载这个软件包以后，你可以返回到 Jupyter 笔记本，键入 `using PyPlot` 来启动软件包。

```
In [18]: using PyPlot
```

```
In [19]: x = range(0,stop=2*pi,length=1000)
         y = sin.(3x);
         plot(x, y, color="red", linewidth=2.0, linestyle="--")
         title("The sine function");
```

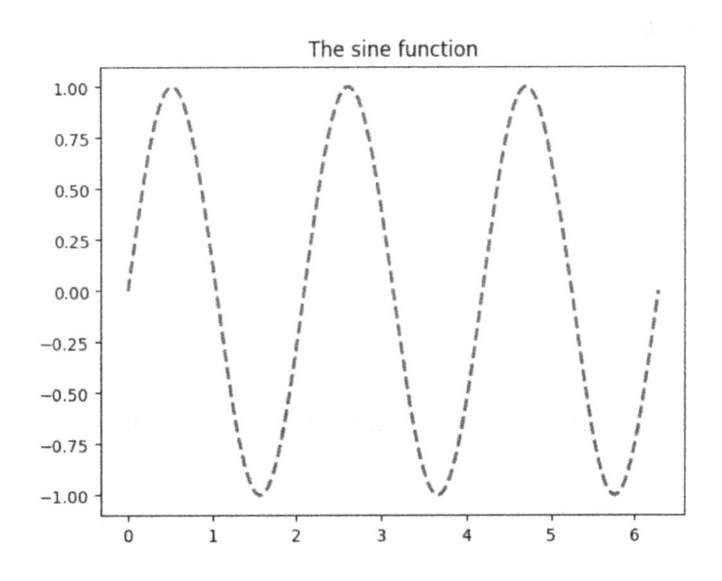

下面让我们作出 $\sin 3x$ 和 $\cos x$ 这两个函数的图像，并添加相应的标记。

```
In [20]: x = range(0,stop=2*pi,length=1000)
         y = sin.(3x);
         z = cos.(x)
         plot(x, y, color="red", linewidth=2.0, linestyle="--",
         label="sin(3x)")
         plot(x, z, color="blue", linewidth=1.0, linestyle="-",
         label="cos(x)")
         legend(loc="upper center");
```

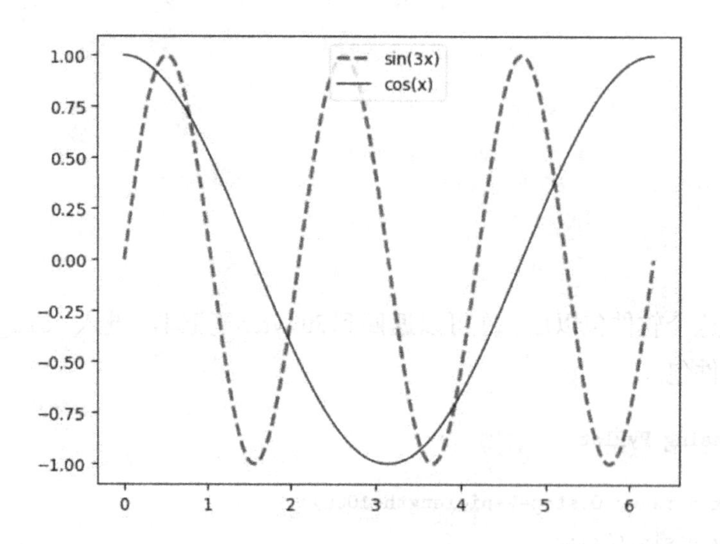

矩阵运算

让我们创建一个 3×3 矩阵：

```
In [21]: A=[-1 0.26 0.74; 0.09 -1 0.26; 1 1 1]

Out[21]: 3×3 Array{Float64,2}:
          -1.0    0.26  0.74
           0.09  -1.0   0.26
           1.0    1.0   1.0
```

15

计算 A 的转置矩阵：

```
In [22]: A'

Out[22]: 3×3 LinearAlgebra.Adjoint{Float64,Array{Float64,2}}:
          -1.0    0.09  1.0
           0.26  -1.0   1.0
           0.74   0.26  1.0
```

计算 A 的逆矩阵与验算：

```
In [23]: inv(A)

Out[23]: 3×3 Array{Float64,2}:
          -0.59693     0.227402  0.382604
           0.0805382  -0.824332  0.154728
           0.516392    0.59693   0.462668

In [24]: A*inv(A)

Out[24]: 3×3 Array{Float64,2}:
           1.0           -5.55112e-17  0.0
           1.38778e-16    1.0          1.249e-16
          -2.22045e-16    0.0          1.0
```

让我们尝试矩阵与向量的乘法运算。定义向量 v 为：

```
In [25]: v=[0 0 1]

Out[25]: 1×3 Array{Int64,2}:
          0  0  1
```

现在尝试 $A*v$：

```
In [26]: A*v


        DimensionMismatch("matrix A has dimensions (3,3), matrix B
        has dimensions (1,3)")



        Stacktrace:

         [1] _generic_matmatmul!(::Array{Float64,2}, ::Char, ::Char,
         ::Array{Float64,2},::Array{Int64,2}) at /Users/osx/buildbot/
         slave/package_osx64/build/usr/share/julia/stdlib/v1.1/
         LinearAlgebra/src/matmul.jl:591

         [2] generic_matmatmul!(::Array{Float64,2}, ::Char, ::Char,
         ::Array{Float64,2}, ::Array{Int64,2}) at /Users/osx/buildbot/
```

16

```
slave/package_osx64/build/usr/share/julia/stdlib/v1.1/
LinearAlgebra/src/matmul.jl:581

[3] mul! at /Users/osx/buildbot/slave/package_osx64/build/usr/
share/julia/stdlib/v1.1/LinearAlgebra/src/matmul.jl:175
[inlined]

[4] *(::Array{Float64,2}, ::Array{Int64,2}) at /Users/osx/
buildbot/slave/package_osx64/build/usr/share/julia/stdlib/
v1.1/LinearAlgebra/src/matmul.jl:142

[5] top-level scope at In[26]:1
```

到底是哪里出了错？就是维数不匹配：A 是 3×3，而 v 是 1×3。要将 v 输入为 3×1 的矩阵，我们需要使用转置运算（一撇）按如下方式输入它（检验输出中显示的正确维数）：

```
In [27]: v=[0 0 1]'

Out[27]: 3×1 LinearAlgebra.Adjoint{Int64,Array{Int64,2}}:
          0
          0
          1

In [28]: A*v

Out[28]: 3×1 Array{Float64,2}:
          0.74
          0.26
          1.0
```

要解矩阵方程 $Ax=v$，键入：

17

```
In [29]: A\v

Out[29]: 3×1 Array{Float64,2}:
          0.3826037521318931
          0.15472806518855411
          0.4626681826795528
```

也可以用 $x=A^{-1}v$ 来计算：

```
In [30]: inv(A)*v

Out[30]: 3×1 Array{Float64,2}:
          0.3826037521318931
          0.15472806518855398
          0.4626681826795528
```

矩阵 A 的幂可以计算为：

```
In [31]: A^5

Out[31]: 3×3 Array{Float64,2}:
          -2.8023     0.395834  2.76652
           0.125727  -1.39302   0.846217
           3.74251    3.24339   4.51654
```

逻辑运算

下面是一些基本的逻辑运算：

```
In [32]: 2==3

Out[32]: false

In [33]: 2<=3

Out[33]: true

In [34]: (2==2)||(1<0)

Out[34]: true

In [35]: (2==2)&&(1<0)

Out[35]: false

In [36]: iseven(4)

Out[36]: true

In [37]: iseven(5)

Out[37]: false

In [38]: isodd(5)

Out[38]: true
```

18

定义函数（子程序）

有三种方法来定义函数。以下是基本的语法：

```
In [39]: function squareit(x)
             return x^2
         end

Out[39]: squareit (generic function with 1 method)

In [40]: squareit(3)

Out[40]: 9
```

如果函数体是短小的，还可以用一种紧凑的形式来定义函数，简单地表达为：

```
In [41]: cubeit(x)=x^3

Out[41]: cubeit (generic function with 1 method)

In [42]: cubeit(5)

Out[42]: 125
```

19

定义函数时也可以不给函数名，这称为无名函数：

```
In [43]: x-> x^3

Out[43]: #5 (generic function with 1 method)
```

使用无名函数，我们就容易操作数组。例如，假设我们想挑出一个数组里那些大于 0 的元素，这可以用（内置）函数 `filter` 和无名函数 x->x>0 来实现：

```
In [44]: filter(x->x>0,[-2,3,4,5,-3,0])

Out[44]: 3-element Array{Int64,1}:
          3
          4
          5
```

函数 count 类似于 `filter`，但它仅仅是计算所给的数组中满足无名函数所描述的条件的元素**个数**：

```
In [45]: count(x->x>0,[-2,3,4,5,-3,0])

Out[45]: 3
```

类型

在 Julia 中，整数和浮点数有多种类型，例如 Int8、Int64、Float16、Float64 等，还有布尔变量、字符和字符串的更高级类型。当我们写一个函数时，我们不必说明它的变量的类型：Julia 在编译代码时会辨认出正确的类型是什么。这称为动态类型系统。例如，考虑我们以前定义的函数 squareit：

```
In [46]: function squareit(x)
             return x^2
         end

Out[46]: squareit (generic function with 1 method)
```

在以上函数定义中没有说明 x 的类型。我们可以用实型或整型输入来调用它，Julia 知道该做什么：

20

```
In [47]: squareit(5)

Out[47]: 25

In [48]: squareit(5.5)

Out[48]: 30.25
```

现在我们来写另一版本的 squareit，它指定了输入类型是 64 比特的浮点数：

```
In [49]: function typesquareit(x::Float64)
             return x^2
         end

Out[49]: typesquareit (generic function with 1 method)
```

这个函数只能在输入是浮点数的时候使用：

```
In [50]: typesquareit(5.5)

Out[50]: 30.25

In [51]: typesquareit(5)
```

```
    MethodError: no method matching typesquareit(::Int64)
Closest candidates are:
  typesquareit(!Matched::Float64) at In[49]:2


    Stacktrace:


     [1] top-level scope at In[51]:1
```

很明显，尽管说明输入类型可改进代码的效能，但动态系统为程序员提供了更多的简单性和灵活性。

21

控制流

我们来创建一个具有 10 个实型分量的数组。一个简单的方法是通过使用函数 zeros(n)，该函数创建一个大小为 n 的数组，并将每个分量设置为 0。（一个类似的函数是 ones(n)，它创建一个大小为 n 的数组，将每个分量设置为 1）。

```
In [52]: values=zeros(10)

Out[52]: 10-element Array{Float64,1}:
          0.0
          0.0
          0.0
          0.0
          0.0
          0.0
          0.0
          0.0
          0.0
          0.0
```

22

现在我们把上述数组的元素设置为正弦函数值。

```
In [53]: for n in 1:10
             values[n]=sin(n^2)
         end
```

```
In [54]: values

Out[54]: 10-element Array{Float64,1}:
           0.8414709848078965
          -0.7568024953079282
           0.4121184852417566
          -0.2879033166650653
          -0.13235175009777303
          -0.9917788534431158
          -0.9537526527594719
           0.9200260381967907
          -0.6298879942744539
          -0.5063656411097588
```

以下是获得同样结果的另外一种方法。先创建一个空数组：[⊖]

```
In [55]: newvalues=Array{Float64}(undef,0)

Out[55]: 0-element Array{Float64,1}
```

然后用 while（循环）语句来产生各分量的值，再逐个添加到数组。

```
In [56]: n=1
         while n<=10
             append!(newvalues,sin(n^2))
             n=n+1
         end
         newvalues

Out[56]: 10-element Array{Float64,1}:
           0.8414709848078965
          -0.7568024953079282
           0.4121184852417566
          -0.2879033166650653
          -0.13235175009777303
          -0.9917788534431158
          -0.9537526527594719
           0.9200260381967907
          -0.6298879942744539
          -0.5063656411097588
```

⊖ 旧版本 “z=[ ]” 的输出与下面一样是 “0-element Array{Float64,1}:（0 个元素的数组）”，而新版本 Julia 1.5.2 的输出为 “Float64[ ]”。——译者注

下面演示 if 语句是如何运作的：

```
In [57]: f(x,y)= if x < y
             println("$x is less than $y")
         elseif x > y
             println("$x is greater than $y")
         else
             println("$x is equal to $y")
         end
```

23

```
Out[57]: f (generic function with 1 method)

In [58]: f(2,3)

2 is less than 3


In [59]: f(3,2)

3 is greater than 2


In [60]: f(1,1)

1 is equal to 1
```

在下面的例子中，我们用 if 和 while 从 $\{1,\cdots,10\}$ 中找出奇数。第 1 行所创建的空数组是 Int64 型的。

```
In [61]: odds=Array{Int64}(undef,0)
        n=1
        while n<=10
            if isodd(n)
                append!(odds,n)
            end
            n=n+1
        end
        odds

Out[61]: 5-element Array{Int64,1}:
         1
         3
         5
         7
         9
```

下面是函数 return 的值得关注的性质：

```
In [62]: n=1
         while n<=20
             if iseven(n)
                 return n
             end
             n=n+1
         end

Out[62]: 2
```

24

为何上面的执行语句停止在（$n =$）2？让我们尝试用 println 来代替 return：

```
In [63]: n=1
         while n<=20
             if iseven(n)
                 println(n)
             end
             n=n+1
         end

2
4
6
8
10
12
14
16
18
20
```

函数 return 会导致代码一旦求值后就退出 while 循环，而 println 则没有这样的情况。

随机数

这是（0,1）上 5 个一致（或均匀）分布的随机数：

```
In [64]: rand(5)

Out[64]: 5-element Array{Float64,1}:
          0.9376491626727412
          0.1284163826681064
          0.04653895741144609
          0.1368429062727914
          0.2722585294980018
```

25

而以下是 5 个标准正态分布的随机数：

```
In [65]: randn(5)

Out[65]: 5-element Array{Float64,1}:
          -0.48823807108918965
           0.37003629963065005
           0.8352411437298793
           0.9626484585001113
           1.1562363979173702
```

下面是 10^5 个正态分布随机数用 50 个小区间（bin）的频率直方图：

```
In [66 ]: y = randn(10^5);
          hist(y,50);
```

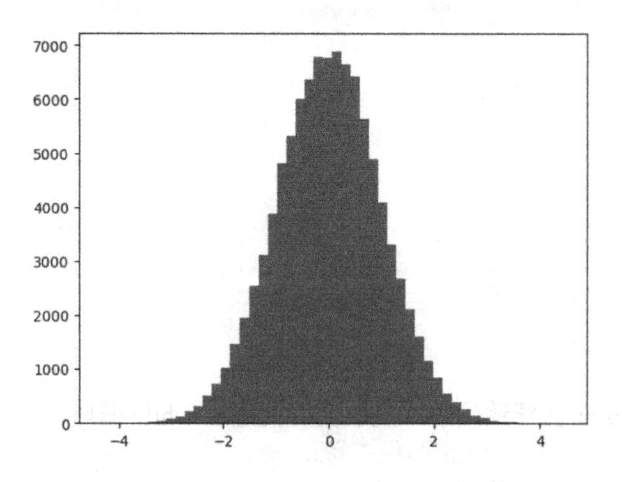

有时我们对相对频率直方图感兴趣，其中每个小区间的高度是区间里数字的相对频率。加上（hist 中的）选项 "density=true" 就能输出一个相对频率直方图：

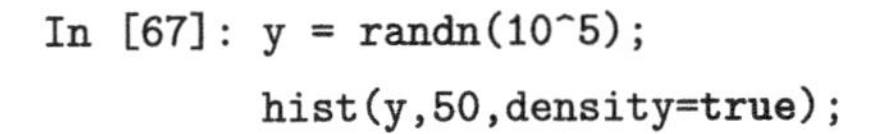

```
In [67]: y = randn(10^5);
         hist(y,50,density=true);
```

26

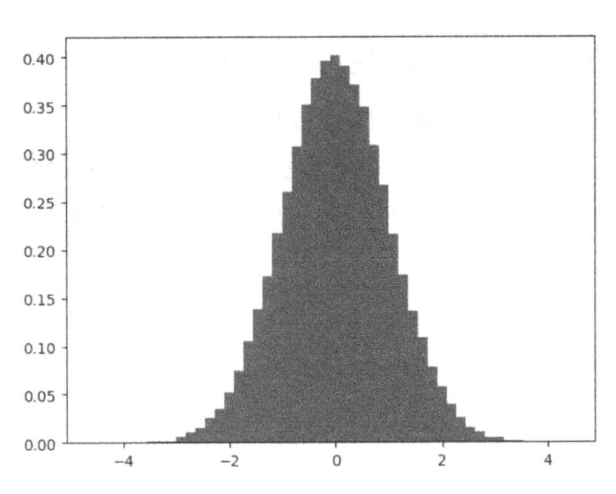

习题 1.2-1 在 Julia 中你可以用内置函数 `factorial(n)` 来计算正整数 n 的 $n!$（n 阶乘）。用 for 循环语句写出你自己的版本，取名为 factorial2。使用函数 `@time` 来对比你的版本和用内置函数的版本的执行时间。

习题 1.2-2 按以下步骤编写 Julia 代码来估算 π 的值：把直径为 1 的圆放入单位正方形。从这个单位正方形产生 10 000 对随机数 (u,v)。计算有多少对 (u,v) 落入圆内，记这个数为 n。则 $n/10\,000$ 约等于这个圆的面积。（这种方法被称为蒙特卡罗法。）

习题 1.2-3 考虑以下函数

$$f(x,n)=\sum_{i=1}^{n}\prod_{j=1}^{i}x^{n-j+1}$$

a) 手动算出 $f(2,3)$ 的值。

b) 编写 Julia 代码来计算 f。验证上述 $f(2,3)$ 与你的答案相同。

1.3 计算机运算

计算机存储数字与执行计算的方式可能会让初学者感到惊讶。在 Julia 上输入 $(\sqrt{3})^2$，结果将是 2.9⋯96，其中 9 重复 15 次。计算机作运算的方式有两

27

个明显但是基本的不同之处：

- 计算机只能表达有限多个数；
- 一个数在计算机中只能表达为有限多位数字。

因此，在计算机中能被精确表达的数仅仅是有理数的一个子集。任何时候，当计算机执行运算的结果不是一个能在计算机中精确表示的数字时，就用近似值来代替精确数。这种计算机在执行实数计算时所产生的误差，称为**舍入误差**。

实数的浮点表达

这是在计算机中表示实数的一般模式：

$$x = s(0.a_1a_2\cdots a_t)_\beta \times \beta^e \tag{1.1}$$

其中

$s \to x$ 的符号，± 1

$e \to$ 指数（阶码），上下界：$L \leqslant e \leqslant U$

$(0.a_1\cdots a_t)_\beta = \dfrac{a_1}{\beta} + \dfrac{a_2}{\beta^2} + \cdots + \dfrac{a_t}{\beta^t}$，尾数（有效数）

$\beta \to$ 基数[㊀]

$t \to$ 数字位数，即精度（precision）

在浮点表达式 (1.1) 中，如果以 $a_1 \neq 0$ 这种方式来规定 e 的话，那么这个表达式是唯一的。这称为**规范化**（或正规化）的浮点表达。例如，如果 $\beta = 10$，用这种规范化的浮点表达时，我们把 0.012 写为 0.12×10^{-1}，而不是 0.012×10^0 或 0.0012×10。

在当今的大多数计算机中，基数是 $\beta = 2$。在以前的老式 IBM 大型机中用过基数 8 或 16。一些手持计算器使用基数 10。一个有意思的历史例子是，由莫斯科州立大学开发的名为 Setun 的“短命”计算机曾使用基数 3。

对于浮点表达式 (1.1) 中的 s, β, t 和 e 的值，可以做各种选择。用在当今多数计算机中的 IEEE 64 位浮点表达式是一种特定的模式：

28

㊀ 记数系统的基，例如十进制的基数 β =10。——译者注

$$x=(-1)^s(1.a_2a_3\cdots a_{53})_2 2^{e-1023} \tag{1.2}$$

我们来做一些解释：

- 注意 s 是如何以不同形式出现在式 (1.1) 和式 (1.2) 中的。在式 (1.2) 中，s 要么是 0，要么是 1。如果 $s=0$，则 x 是正的；如果 $s=1$，则 x 是负的。
- 由于 $\beta=2$，在 x 的规范化的浮点表达式中，小数点后第 1 个非零数字只能是 1㊀，从而我们不需要存储这个数。这就是我们在式 (1.2) 中把 x 写为以 1 开始的小数的原因。即使精度 $t=52$，我们仍然能够存取第 53 位数字 a_{53}。
- 指数的上下界是 $0\leqslant e\leqslant 2047$。我们马上会讨论 2047 来自何处。首先，我们来讨论在表达式 (1.2) 中为何指数是 $e-1023$，而不像表达式 1.1 中那样是简单的 e。如果最小可能的指数 $e=0$，那么计算机可产生的最小正数就会是 $(1.00\cdots0)_2=1$: 但我们肯定需要计算机表达小于 1 的数！这就是我们在式 (1.2) 中使用移位表达式 $e-1023$的原因，称之为**偏移指数**。注意：偏移指数的范围是 $-1023\leqslant e-1023\leqslant 1024$。

下面用图解来说明计算机的实际二进数位是如何与上述表达式相对应的。下面表格里从 1 到 64 编号的每一个方格对应于一个 64 位计算机内存单元的 1 位。

1	2	3	⋯	12	13	⋯	64

- 第 1 个数位是符号位：它存储 s 的值，即 0 或 1。
- 从 2 到 12 的数位是存储指数 e 的（不是 $e-1023$）。用这 11 个数位可产生从 0 到 $2^{11}-1=2047$ 的整数。下面说明了如何得到最小和最大的 e 值:

$$e=(00\cdots0)_2=0$$

$$e=(11\cdots1)_2=2^0+2^1+\cdots+2^{10}=\frac{2^{11}-1}{2-1}=2047$$

- 从 13 到 64 的 52 个数位存储数字 a_2 到 a_{53}。

例 9 求出 10.375 的浮点表达式。

㊀ 二进制数字只有 0 或 1。——译者注

解　可以根据下面的计算来验证 $10=(1010)_2$ 和 $0.375=(0.011)_2$:

$$10 = 0\times2^0+1\times2^1+0\times2^2+1\times2^3$$

$$0.375 = 0\times2^{-1}+1\times2^{-2}+1\times2^{-3}$$

所以

$$10.375=(1010.011)_2=(1.010011)_2\times2^3$$

上述 $(1.010011)_2\times2^3$ 是数 10.375 的规范化的浮点表达式。现在我们按照表达式 (1.2) 把它重写为：

$$10.375=(-1)^0(1.010011)_2\times2^{1026-1023}$$

因为 $1026=(10000000010)_2$，一位接一位表达就是：

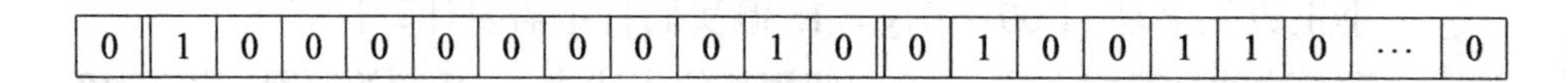

0	1	0	0	0	0	0	0	0	0	1	0	0	1	0	0	1	1	0	···	0

注意，第 1 个符号位是 0，因为这个数是正的。紧接着的 11 个数位表示指数 $e=1026$，它们后面的 6 个数位是尾数，接着尾数的最后一个数字后面填满了 0。我们在 Julia 上键入 `bitstring(10.375)` 就可以得到这个一位接一位的表达式：

```
In [1]: bitstring(10.375)

Out[1]: "0100000000100100110000000000000000000000000000000000000000000000"
```

特殊情况：零、无穷大、NaN

在浮点运算里，有两个零，即 +0.0 和 −0.0，它们有特殊的表达式。在零表达式里，所有的指数和尾数的数位设置为 0，而 +0.0 的符号位是 0，−0.0 的符号位是 1:

0.0 →	0	0	全为 0	0	0	全为 0	0
−0.0 →	1	0	全为 0	0	0	全为 0	0

当指数位全设置为 0 时，我们得到 $e=0$，因此 $e-1023=-1023$。这种阶码全零的安排是用于 ±0.0 与**非规范化数**的。非规范化数对于我们的规范化浮点表达是一个例外，但它在很多方面都很有用，详见参考文献 [9]。

下面显示计算机是如何表达正负无穷大的：30

$\infty \longrightarrow$	0	1	全为 1	1	0	全为 0	0
$-\infty \longrightarrow$	1	1	全为 1	1	0	全为 0	0

当指数位全设置为 1 时，我们得到 $e=2047$，从而 $e-1023=1024$。这种安排是用于 $\pm\infty$ 以及如 NaN（not-a-number，例如 0/0 的结果）等一些特殊值的。

总之，虽然在式 (1.2) 中，$-1023 \leqslant e-1023 \leqslant 1024$，但涉及非零实数的表达式时，我们只能使用下述范围的 e：$-1022 \leqslant e-1023 \leqslant 1023$。

所以，计算机能表达的最小正数是

$$x=(-1)^0(1.00\cdots0)_2\times 2^{-1022}=2^{-1022}\approx 0.2\times 10^{-307}$$

最大正数是

$$\begin{aligned} x&=(-1)^0(1.11\cdots1)_2\times 2^{1023}\\ &=\left(1+\frac{1}{2}+\frac{1}{2^2}+\cdots+\frac{1}{2^{52}}\right)\times 2^{1023}\\ &=(2-2^{-52})2^{1023}\\ &\approx 0.18\times 10^{309} \end{aligned}$$

在计算时，如果得到一个小于最小浮点数的值，则给出**下溢错误**。得到一个大于最大浮点数的值就给出**上溢错误**。

习题 1.3-1　考虑以下以 2 为基数的规范化浮点表达的模拟模型：$x=(-1)^s(1.a_2a_3)_2\times 2^e$，其中 $-1\leqslant e\leqslant 1$。求出所有能用这个模型表达的正机器数（有 12 个）。把这些数转换为十进制数，然后把它们小心地手工画在数轴上，并解释它们是怎样被间隔开的。

整数的表达

前一节我们论述了在计算机中如何表达实数。下面将简述整数的表达。计算机怎样表达整数 n 呢？如同实数的情况一样，先把 n 写为二进制数。我们有 31

64 位来表达它的数字与符号。像浮点表达一样，指定 1 位表达符号，剩下的 63 位表达数字。在开始做整数加法时，这种方法有一些缺点。另一种更常用的方法称为**二进制补码**，Julia 中采用了这种方法。

举一个例子来说，假设我们的计算机有 8 位。为用二进制补码来表达 12（或其他任何正整数），直接把它写为二进制展开式：$(00001100)_2$。表达 -12 的方法是：反转所有的数字，即 1 变为 0，0 变为 1，再把结果加上 1。把 12 的表达式的数字反转后，得到 $(11110011)_2$，再加 1（二进制），就得到用二进制补码表达的 -12 的表达式 $(11110100)_2$。费了这么大的周折来表述 -12 似乎不可思议，把 12 与 -12 的表达式加起来，即

$$(00001100)_2+(11110100)_2=(100000000)_2$$

你就会意识到，从右到左和的前 8 位（不计数字 1）是 $(00000000)_2$，这 8 位是计算机所能表达的。所以正如十进制里 $12+(-12)=0$ 一样，这两个数的（二进制）表达式的和也是 0。

我们用 Julia 以 64 位来重复这些计算。函数 `bitstring` 输出用二进制补码表达的整数的数字：

```
In [1]: bitstring(12)

Out[1]: "0000000000000000000000000000000000000000000000000000000000001100"

In [2]: bitstring(-12)

Out[2]: "1111111111111111111111111111111111111111111111111111111111110100"
```

可以验证：截取 64 位数字这两个表达式的和就是 0。

下面是另一个例子，它说明二进制补码的优越性。考虑 -3 与 5，它们的表达式为

$$-3=(11111101)_2,\ 5=(00000101)_2$$

-3 与 5 的和是 2，二进制和是什么？我们有

$$(11111101)_2+(00000101)_2=(100000010)_2$$

如果不计第 9 位数字 1，则结果是 $(10)_2$，它确实是 2。注意，假如我们按照浮点表达式用过的同样方法，并指定最左边的一位为整数的符号，就没有这样的性质。

我们不再进一步讨论整数的表达与运算。但牢记以下有用的事实：用 64 位的二进制补码，可以表达的整数在 $-2^{63}=-9\ 223\ 372\ 036\ 854\ 775\ 808$ 和 $2^{63}-1=9\ 223\ 372\ 036\ 854\ 775\ 807$ 之间。任何超出这个范围的整数都会产生**下溢或上溢**。

例 10　根据微积分我们知道 $\lim_{n\to\infty}\dfrac{n^n}{n!}=\infty$。因此，计算 $\dfrac{n^n}{n!}$ 时，对大的 n 会产生上溢。下面是用于这种计算的 Julia 代码：

```
In [1]: f(n)=n^n/factorial(n)

Out[1]: f (generic function with 1 method)
```

让我们仔细观察这个函数。Julia 函数 factorial(n) 在 n 是一个整数时，计算 n 的阶乘，否则计算 Γ 函数在 $n+1$ 处的值。如果我们用整数输入来调用 f，则上述代码将用整数运算来计算 n^n 和 factorial(n)，然后把它们转换为浮点数来相除。下面对 $n=1,\cdots,17$ 计算 $f(n)=\dfrac{n^n}{n!}$：

```
In [2]: for n in 1:17
            println(f(n))
        end

1.0
2.0
4.5
10.666666666666666
26.041666666666668
64.8
163.4013888888889
416.1015873015873
1067.6270089285715
2755.731922398589
7147.658895778219
18613.926233766233
48638.8461384701
127463.00337621226
334864.627690599
0.0
-8049.824661838414
```

注意，Julia 把 $\frac{16^{16}}{16!}$ 计算为 0.0，再把这个错误传递给下一个计算。错误到底发生在哪里？Julia 能准确地算出 16!，但 16^{16} 导致整数运算上溢。下面我们来计算 15^{15} 和 16^{16}：

```
In [3]: 15^15

Out[3]: 437893890380859375

In [4]: 16^16

Out[4]: 0
```

为何 Julia 对 16^{16} 返回 0？答案与 Julia 进行整数运算的方式有关。当得到一个超过最大可能值的整数时，Julia 返回到最小整数，并继续计算。在计算上述 15^{15} 与 16^{16} 之间，Julia 穿越了最大整数的界线，返回到 -2^{63}。如果我们把整数转换为浮点数，那么 Julia 就能正确地计算 16^{16}：

```
In [5]: 16.0^16.0

Out[5]: 1.8446744073709552e19
```

如果我们使用浮点数，函数 $f(n)$ 可以用更好的方式来编码：把 $\frac{n^n}{n!}$ 改写为 $\frac{n}{n}\frac{n}{n-1}\cdots\frac{n}{1}$，每个分数可以分开计算，然后相乘，这样会显示数值的增长。下面是使用 for 语句的新代码。

```
In [1]: function f(n)
            pr=1.
            for i in 1:n-1
                pr=pr*n/(n-i)
            end
            return(pr)
        end

Out[1]: f (generic function with 1 method)
```

下面的语法 $f.(1:16)$ 计算从 1 到 16 的每个整数的 f 值。

34

```
In [2]: f.(1:16)
```

```
Out[2]: 16-element Array{Float64,1}:
            1.0
            2.0
            4.5
           10.666666666666666
           26.041666666666667
           64.8
          163.4013888888889
          416.10158730158724
         1067.6270089285715
         2755.7319223985887
         7147.658895778218
        18613.92623376623
        48638.84613847011
       127463.00337621223
       334864.62769059895
       881657.9515664611
```

前一个版本的代码在 $n=16$ 时出现上溢错误。而这个版本计算 $n^n/n!$（当 $n=16$ 和 17 时）毫无困难。实际上，我们可以一直计算到 $n=700$，但不能计算 $n=750$。

```
In [3]: f(700)

Out[3]: 1.5291379839716124e302

In [4]: f(750)

Out[4]: Inf
```

浮点运算的上溢得到的输出是 `Inf`，这表示无穷大。

在这一节的余下部分，我们将讨论计算机运算的一些性质。如果使用我们熟悉的十进制表达，而不是二进制，那么讨论比较容易进行下去。为此，我们引入**规范化的十进制浮点表示法**：

$$\pm 0.d_1d_2\cdots d_k \times 10^n$$

其中 $1\leqslant d_1\leqslant 9, 0\leqslant d_i\leqslant 9, i=2,3,\cdots,k$。我们非正式地称这些数为 k 位十进制机器数。

截断和舍入

设 x 是一个实数，具有比计算机能处理的更多的数位：$x = \pm 0.d_1 d_2 \cdots d_k d_{k+1} \cdots \times 10^n$。计算机将如何表达 x? 我们用符号 $\mathrm{fl}(x)$ 表示 x 的浮点表达。有两种选择，即截断和舍入：

- 用截断方法，就是简单地取前 k 位数字，略去剩下的数字：$\mathrm{fl}(x) = 0.d_1 d_2 \cdots d_k$。
- 用舍入方法时，若 $d_{k+1} \geqslant 5$，则在 d_k 上加 1 来表示 $\mathrm{fl}(x)$；若 $d_{k+1} < 5$，那么就像截断方法一样做。

例 11 求下列数的 5 位（$k = 5$）截断值和舍入值：

- $\pi = 0.314\,159\,265 \cdots \times 10^1$
  截断值为 $\mathrm{fl}(\pi) = 0.314\,15 \times 10^1$，而舍入值为 $\mathrm{fl}(\pi) = 0.314\,16 \times 10^1$。
- 0.000 123 456 7
  我们先要把它写为规范化的表达式：$0.123\,456\,7 \times 10^{-3}$。现在截断值是 $0.123\,45 \times 10^{-3}$，舍入值是 $0.123\,46 \times 10^{-3}$。

绝对误差和相对误差

由于计算机只能给出实数的近似值，我们需要弄清楚如何测量一个近似数的误差。

定义 12 设 x^* 是 x 的一个近似值。

- $|x^* - x|$ 称为**绝对误差**
- $\dfrac{|x^* - x|}{|x|} (x \neq 0)$ 称为**相对误差**

相对误差通常是更好的测量选择，我们需要知道原因。

例 13 求下面 x 的绝对误差和相对误差。

1. $x = 0.20 \times 10^1, x^* = 0.21 \times 10^1$
2. $x = 0.20 \times 10^{-2}, x^* = 0.21 \times 10^{-2}$
3. $x = 0.20 \times 10^5, x^* = 0.21 \times 10^5$

注意，这三种情况的唯一差别是这些数的指数。绝对误差是 0.01×10，0.01×10^{-2}，0.01×10^{5}。由于指数不同，所以绝对误差不同。但相对误差对每一种情况都一样，是 0.05。

36

定义 14　如果 s 是最大的非负整数，使得

$$\frac{|x-x^*|}{|x|} \leqslant 5 \times 10^{-s}$$

则称 x^* 是 x 的 s 位有效数字近似值。

在例 13 中，$\frac{|x-x^*|}{|x|} = 0.05 \leqslant 5 \times 10^{-2}$，但是并不小于或等于 5×10^{-3}，所以，$x^* = 0.21$ 是 $x = 0.20$ 的 2 位（而不是 3 位）有效数字近似值。

当计算机用 $\mathrm{fl}(x)$ 来近似实数 x 时，关于误差我们能说些什么呢？下面的结果给出了相对误差的一个上界。

引理 15　*用 k 位规范化的十进制浮点表达 $\mathrm{fl}(x)$ 来近似实数 x 时，相对误差满足*

$$\frac{|x-\mathrm{fl}(x)|}{|x|} \leqslant \begin{cases} 10^{-k+1}, & \text{如果用截断法} \\ \frac{1}{2}(10^{-k+1}), & \text{如果用舍入法} \end{cases}$$

证明　我们对截断法的情况来证明，舍入法的情况可类证，但比较冗长。设

$$x = 0.d_1 d_2 \cdots d_k d_{k+1} \cdots \times 10^n$$

则在用截断法时，

$$\mathrm{fl}(x) = 0.d_1 d_2 \cdots d_k \times 10^n$$

注意到

$$\frac{|x-\mathrm{fl}(x)|}{|x|} = \frac{0.d_{k+1} d_{k+2} \cdots \times 10^{n-k}}{0.d_1 d_2 \cdots \times 10^n} = \left(\frac{0.d_{k+1} d_{k+2} \cdots}{0.d_1 d_2 \cdots}\right) 10^{-k}$$

我们有两个简单的界：$0.d_{k+1} d_{k+2} \cdots < 1$ 和 $0.d_1 d_2 \cdots \geqslant 0.1$。后者正确是因为最小的 d_1 是 1。在上面的等式中用这两个界，可得到

$$\frac{|x-\mathrm{fl}(x)|}{|x|} \leqslant \frac{1}{0.1} 10^{-k} = 10^{-k+1}$$

□

评注 16

引理 15 容易转换到二进制浮点表达式 $x=(-1)^s(1.a_2\cdots a_{53})_2\times 2^{e-1023}$：

$$\frac{|x-\mathrm{fl}(x)|}{|x|}\leqslant\begin{cases}2^{-t+1}=2^{-53+1}=2^{-52}, & \text{如果用截断法}\\ \dfrac{1}{2}(2^{-t+1})=2^{-53}, & \text{如果用舍入法}\end{cases}$$

37

机器容差

机器容差（machine epsilon）ε 是 $\mathrm{fl}(1+\varepsilon)>1$ 所对应的最小正浮点数，这意味着，如果 1.0 加上任何一个小于 ε 的数，机器计算得到的和是 1.0。

数 1.0 的二进制浮点表达式就是简单的 $(1.0\cdots0)_2$，其中 $a_2=a_3=\cdots=a_{53}=0$。我们希望求出一个最小的数，此数加上 1.0 后的和大于 1.0。答案取决于我们用截断法还是舍入法来近似。

如果用截断法，考察二进制加法

$$\begin{array}{rcccc} & a_2 & & a_{52} & a_{53}\\ 1. & 0 & \cdots & 0 & 0\\ +\ 0. & 0 & \cdots & 0 & 1\\ \hline 1. & 0 & \cdots & 0 & 1\end{array}$$

注意，$(0.0\cdots01)_2=\left(\dfrac{1}{2}\right)^{52}=2^{-52}$ 是一个加上 1.0 使得和与 1.0 不同的最小的数。

如果用舍入法，考察二进制加法

$$\begin{array}{rccccc} & a_2 & & a_{52} & a_{53} & \\ 1. & 0 & \cdots & 0 & 0 & \\ +\ 0. & 0 & \cdots & 0 & 0 & 1\\ \hline 1. & 0 & \cdots & 0 & 0 & 1\end{array}$$

其中的和必须舍入到 53 位，得到

$$\begin{array}{rcccc} & a_2 & & a_{52} & a_{53}\\ 1. & 0 & \cdots & 0 & 1\end{array}$$

注意，用舍入法时，上面那个加到 1.0 上的数 $(0.0\cdots01)_2=\left(\dfrac{1}{2}\right)^{53}=2^{-53}$，就是加上 1.0 得到的和大于 1.0 的最小数。

总之，我们已经说明了

$$\varepsilon = \begin{cases} 2^{-52}, & \text{如果用截断法} \\ 2^{-53}, & \text{如果用舍入法} \end{cases}$$

因此，用机器容差 ε 表达评注 16 的不等式为

$$\frac{|x - \mathrm{fl}(x)|}{|x|} \leqslant \varepsilon$$

评注 17

机器容差的另一个定义是：它是 1.0 与下一个浮点数之间的间距。

38

		a_2		a_{52}	a_{53}
数 1.0	1.	0	⋯	0	0
下一个数	1.	0	⋯	0	1
间距	0.	0	⋯	0	1

注意，间距（差的绝对值）是 $\left(\frac{1}{2}\right)^{52} = 2^{-52}$。在这个定义中，机器容差并不根据用截断法还是用舍入法而定。另外要注意，两个相邻的浮点数的间距并非常数，而是它们的值越小，间距就越小，它们的值越大，间距就越大（见习题 1.3-1）。

误差的传播

我们阐述了用截断法或舍入法来近似一个实数时，由机器版本产生的误差。现在想象一下执行带有许多算术运算的一长串计算，比如说每一步有舍入误差产生。所有的舍入误差会累积并引起灾难吗？一般来说，这是一个颇难回答的问题。举一个很简单的例子，考虑两个实数 x 和 y 相加。在计算机里，这两个数被表达为 $\mathrm{fl}(x)$ 和 $\mathrm{fl}(y)$。它们的和是 $\mathrm{fl}(x)+\mathrm{fl}(y)$，但是计算机只能表达它的浮点版本 $\mathrm{fl}(\mathrm{fl}(x)+\mathrm{fl}(y))$。因此，两个数相加的相对误差是：

$$\left|\frac{(x+y) - \mathrm{fl}(\mathrm{fl}(x) + \mathrm{fl}(y))}{x+y}\right|$$

在本节中，我们将给出一些舍入误差可能导致问题的具体例子，并介绍如何避免这些问题。

几乎相等的两数相减：前导数位相消

解释这种现象的最好方式是举例。设 $x = 1.123\,456$，$y = 1.123\,447$，我们将使用舍入法和 6 位数运算来计算 $x - y$ 和由此产生的舍入误差。首先求出 $\mathrm{fl}(x)$ 和 $\mathrm{fl}(y)$：

39

$$\mathrm{fl}(x) = 1.123\,46, \qquad \mathrm{fl}(y) = 1.123\,45$$

则由舍入法产生的绝对误差和相对误差是：

$$|x - \mathrm{fl}(x)| = 4 \times 10^{-6}, \qquad |y - \mathrm{fl}(y)| = 3 \times 10^{-6}$$

$$\frac{|x - \mathrm{fl}(x)|}{|x|} = 3.56 \times 10^{-6}, \qquad \frac{|y - \mathrm{fl}(y)|}{|y|} = 2.67 \times 10^{-6}$$

从相对误差可见，$\mathrm{fl}(x)$ 和 $\mathrm{fl}(y)$ 分别近似 x 和 y 到 6 位有效数字。让我们来看看在 x 减去 y 时误差是如何传播的。准确的差是

$$x - y = 1.123\,456 - 1.123\,447 = 0.000\,009 = 9 \times 10^{-6}$$

计算机是这样求出这个差的：首先计算 $\mathrm{fl}(x)$ 和 $\mathrm{fl}(y)$，然后求它们的差，再用浮点表达式 $\mathrm{fl}(\mathrm{fl}(x) - \mathrm{fl}(y))$ 近似这个差：

$$\mathrm{fl}(\mathrm{fl}(x) - \mathrm{fl}(y)) = \mathrm{fl}\,(1.123\,46 - 1.123\,45) = 10^{-5}$$

由此产生的绝对误差与相对误差是：

$$|(x - y) - (\mathrm{fl}(\mathrm{fl}(x) - \mathrm{fl}(y)))| = 10^{-6}$$

$$\frac{|(x - y) - (\mathrm{fl}(\mathrm{fl}(x) - \mathrm{fl}(y)))|}{|x - y|} = 0.1$$

请注意相对误差与绝对误差相比有多大！用这个机器版本的 $x - y$ 来近似 $x - y$ 只有 1 位有效数字。为何会发生这种情况？当我们把两个几乎相等的数相减时，这两个数的前导数位相消，留下接近于舍入误差的结果。换句话说，舍入误差主导了这个差。

除以一个小的数

设 $x = 0.444\,446$，使用 5 位数运算和四舍五入法的计算机来计算 $\frac{x}{10^{-5}}$。我们有 $\mathrm{fl}(x) = 0.444\,45$，绝对误差为 4×10^{-6} ，相对误差为 9×10^{-6}。准确的除法是 $\frac{x}{10^{-5}} = 0.444\,446 \times 10^{5}$。而计算机计算是 $\mathrm{fl}\left(\frac{x}{10^{-5}}\right) = 0.444\,45 \times 10^{5}$，绝对误差为 0.4，相对误差为 9×10^{-6}。这个绝对误差从 4×10^{-6} 传播成 0.4。也许并不奇怪，除以一个小的数会放大绝对误差，但不会放大相对误差。

当 x 接近 0 时，考虑计算

$$\frac{1-\cos x}{\sin x}$$

40

这是一个分子上两个几乎相等的数的减法，以及当 x 接近于 0 时一个除数为很小数的除法。设 $x = 0.1$。继续使用 5 位数的舍入，我们得到

$$\mathrm{fl}(\sin 0.1) = 0.099\,833$$

$$\mathrm{fl}(\cos 0.1) = 0.995\,00$$

$$\mathrm{fl}\left(\frac{1-\cos 0.1}{\sin 0.1}\right) = 0.050\,084$$

精确到 8 位的准确结果是 0.050 041 708，它的相对误差是 8.5×10^{-4}。下面我们将看到如何应用一个简单的代数恒等式来减小这个误差。

避免丢失精度的方法

下面我们将讨论几个经过精心改写表达式，再来计算就能大大减小舍入误差的例子。

例 18　让我们重新考虑计算

$$\frac{1-\cos x}{\sin x}$$

注意，应用代数恒等式

$$\frac{1-\cos x}{\sin x} = \frac{\sin x}{1+\cos x}$$

就可以去除以前遇到的两个问题：这里不会产生有效数字的相消和除以一个

小的数。用 5 位舍入，我们有

$$\text{fl}\left(\frac{\sin 0.1}{1+\cos 0.1}\right)=0.050\,042$$

相对误差是 5.8×10^{-6}，原来计算的误差大约是它的 100 倍。

例 19 考虑二次方程的求根公式，即 $ax^2+bx+c=0$ 的解：

$$r_1=\frac{-b+\sqrt{b^2-4ac}}{2a},\qquad r_2=\frac{-b-\sqrt{b^2-4ac}}{2a}$$

如果 $|b|\approx\sqrt{b^2-4ac}$，那么当我们计算其中一个根时就有由于（前导数位）相消而损失精度的潜在风险。我们来考虑一个特定的方程：$x^2-11x+1=0$。从求根公式得到的两个根为：

41

$$r_1=\frac{11+\sqrt{117}}{2}\approx 10.908\,326\,91,\qquad r_2=\frac{11-\sqrt{117}}{2}\approx 0.091\,673\,086\,80$$

下面用 4 位数字运算和舍入来计算根：

$$\begin{aligned}
\text{fl}(\sqrt{117})&=10.82\\
\text{fl}(r_1)&=\text{fl}\left(\frac{\text{fl}(\text{fl}(11.0)+\text{fl}(\sqrt{117}))}{\text{fl}(2.0)}\right)\\
&=\text{fl}\left(\frac{\text{fl}(11.0+10.82)}{2.0}\right)=\text{fl}\left(\frac{21.82}{2.0}\right)=10.91\\
\text{fl}(r_2)&=\text{fl}\left(\frac{\text{fl}(\text{fl}(11.0)-\text{fl}(\sqrt{117}))}{\text{fl}(2.0)}\right)\\
&=\text{fl}\left(\frac{\text{fl}(11.0-10.82)}{2.0}\right)=\text{fl}\left(\frac{0.18}{2.0}\right)=0.09
\end{aligned}$$

所产生的相对误差为

$$r_1\text{的相对误差}=\left|\frac{10.908\,326\,91-10.91}{10.908\,326\,91}\right|=1.5\times10^{-4}$$

$$r_2\text{的相对误差}=\left|\frac{0.091\,673\,086\,80-0.09}{0.091\,673\,086\,80}\right|=1.8\times10^{-2}$$

注意，r_2 的相对误差大约是 r_1 的相对误差的 100 倍。这是由于在计算 11.0 − 10.82 时前导数位相消而造成的。

解决这一问题的一个办法是用分子有理化的方法把引起问题的表达式改写为：

$$r_2 = \frac{11.0-\sqrt{117}}{2} = \left(\frac{1}{2}\right)\frac{11.0-\sqrt{117}}{11.0+\sqrt{117}}\left(11.0+\sqrt{117}\right)$$
$$= \left(\frac{1}{2}\right)\frac{4}{11.0+\sqrt{117}} = \frac{2}{11.0+\sqrt{117}}$$

如果用这个表达式来计算 r_2，我们得到：

$$\mathrm{fl}(r_2) = \mathrm{fl}\left(\frac{2.0}{\mathrm{fl}(11.0+\mathrm{fl}(\sqrt{117}))}\right) = \mathrm{fl}\left(\frac{2.0}{21.82}\right) = 0.091\,66$$

新的 r_2 的相对误差为：

$$r_2\text{的相对误差} = \left|\frac{0.091\,673\,086\,80 - 0.091\,66}{0.091\,673\,086\,80}\right| = 1.4\times10^{-4}$$

尽管在用新方法计算 r_2 时，不如原来仅一处有舍入误差，而是两处有舍入误差，但它比原来的相对误差改善了将近 100 倍。

例 20　简单的加法过程，即使没有混合符号，由于舍入或截断也会积累较大的误差。文献（例如参考文献 [11]）中有一些复杂的算法对一大串数字做加法，所得的累积误差比直接相加要小。

举个简单的例子，考虑用 4 位数字运算和舍入来求两个数的平均值 $\frac{a+b}{2}$。 42
对于 $a = 2.954$ 和 $b = 100.9$，准确的平均值是 51.927。但 4 位数字运算和舍入得到

$$\mathrm{fl}\left(\frac{100.9+2.954}{2}\right) = \mathrm{fl}\left(\frac{\mathrm{fl}(103.854)}{2}\right) = \mathrm{fl}\left(\frac{103.9}{2}\right) = 51.95$$

这有 4.43×10^{-4} 的相对误差。另一方面，如果我们把平均值公式改写为 $a+\frac{b-a}{2}$，那么得到 51.93，它的相对误差 5.78×10^{-5} 小得多。下表列出了每一步

准确运算和 4 位数运算以及对应的相对误差。

	a	b	$a+b$	$(a+b)/2$	$b-a$	$(b-a)/2$	$a+(b-a)/2$
4 位舍入运算	2.954	100.9	103.9	51.95	97.95	48.98	51.93
准确运算			103.854	51.927	97.946	48.973	51.927
相对误差			$4.43e-4$	$4.43e-4$	$4.08e-5$	$1.43e-4$	$5.78e-5$

例 21　教科书中给出了两个标准公式来计算 $x_1,\cdots,x_n$ 的样本方差 s^2：

1. $s^2=\dfrac{1}{n-1}\left[\sum_{i=1}^{n}x_i^2-\frac{1}{n}\left(\sum_{i=1}^{n}x_i\right)^2\right]$；

2. 首先计算 $\bar{x}=\dfrac{1}{n}\sum_{i=1}^{n}x_i$，然后计算 $s^2=\dfrac{1}{n-1}\sum_{i=1}^{n}(x_i-\bar{x})^2$。

当 n 很大时，两个公式由于都是前一例提到的进行一大串数字的加法运算，因此都会受到舍入误差的困扰。而且，第一个公式由于前导数位相消还容易出错（详见参考文献 [6]）。

举例来说，考虑 4 位数字舍入运算，设数据为 1.253、2.411、3.174。从公式 1 和公式 2 得到的样本方差分别为 0.93 和 0.9355。具有 6 位数的准确值为 0.935 562。所以，对于计算样本方差来说，选用公式 2 比选用公式 1 在数值上更稳定。

例 22　我们要计算和式：

$$e^{-7}=1+\frac{-7}{1}+\frac{(-7)^2}{2!}+\frac{(-7)^3}{3!}+\cdots+\frac{(-7)^n}{n!}$$

正负交替的符号使它成为一个潜在的容易出错的计算。

Julia 给出 e^{-7} 的“准确”值是 0.000 911 881 965 554 516 2。如果我们用 Julia 来计算 $n=20$ 时的和，结果是 0.009 183 673 977 218 275。下面是用于这项计算的 Julia 代码：

43

```
In [1]: sum=1.0
        for n=1:20
            sum=sum+(-7)^n/factorial(n)
        end
        return(sum)
```

```
Out[1]: 0.009183673977218275
```

这个结果产生 9.1 的相对误差。如果我们简单地把上述和式改写为

$$e^{-7}=\frac{1}{e^7}=\frac{1}{1+7+\frac{7^2}{2!}+\frac{7^3}{3!}+\cdots}$$

就可以避免这个巨大的误差。

下面是取 $n=20$ 来计算时的 Julia 代码：

```
In [2]: sum=1.0
        for n=1:20
            sum=sum+7^n/factorial(n)
        end
        return(1/sum)

Out[2]: 0.0009118951837867185
```

结果是 0.000 911 895 183 786 718 5，它的相对误差是 1.4×10^{-5}。

习题 1.3-2　一条直线过 (x_1,y_1) 与 (x_2,y_2) 两点，直线上的 x 截距可以用下面公式之一来计算（假设 $y_1\neq y_2$）：

$$x=\frac{x_1y_2-x_2y_1}{y_2-y_1}$$

或

$$x=x_1-\frac{(x_2-x_1)y_1}{y_2-y_1}$$

a) 求证这两个公式彼此等价。

b) 当 $(x_1,y_1)=(1.02,3.32)$ 和 $(x_2,y_2)=(1.31,4.31)$ 时，用 3 位数字的舍入运算和每一个公式来计算 x 截距。

44

c) 用 Julia（或计算器）计算 x 截距：使用设备的全精度（你可以用其中任何一个公式）。用这个结果计算你在（b）中所给答案的相对误差与绝对误差。讨论哪一个公式较好以及为什么。

习题 1.3-3　使用下面的公式写两个 Julia 函数来计算二项式系数 $\binom{m}{k}$：

a) $\displaystyle\binom{m}{k}=\frac{m!}{k!(m-k)!}$ ($m!$ 在 Julia 中是 `factorial(m)`)

b) $\displaystyle\binom{m}{k}=\left(\frac{m}{k}\right)\left(\frac{m-1}{k-1}\right)\times\cdots\times\left(\frac{m-k+1}{1}\right)$

然后试用各种不同的 m 与 k 值来计算，看哪个公式先上溢。

习题 1.3-4　多项式的值可以用嵌套形式（也称为**霍纳算法**）来计算。用嵌套形式有两个优点：可以显著减少计算量和减小舍入误差[⊖]。

对于多项式

$$p(x)=a_0+a_1x+a_2x^2+\cdots+a_{n-1}x^{n-1}+a_nx^n$$

它的嵌套形式是

$$p(x)=a_0+x(a_1+x(a_2+\cdots+x(a_{n-1}+x(a_n))\cdots))$$

考虑多项式 $p(x)=x^2+1.1x-2.8$。

a) 用 3 位数舍入和 3 位数截断运算来计算 $p(3.5)$。绝对误差是多少？（注意，$p(3.5)$ 的准确值是 13.3。）

b) 用以下简单步骤将 $x^2+1.1x-2.8$ 写为嵌套形式：

$$x^2+1.1x-2.8=(x^2+1.1x)-2.8=(x+1.1)x-2.8$$

然后用此嵌套形式以及 3 位数舍入和 3 位数截断运算来计算 $p(3.5)$。绝对误差是多少？将这个误差与你在 (a) 中得到的误差相比较。

习题 1.3-5　考虑写为标准形式的多项式 $5x^4+3x^3+4x^2+7x-5$。

45

a) 把这个多项式写成嵌套形式。（见前一个习题。）

b) 当我们计算这个多项式在某个实数上的值时，用嵌套形式需要做多少次乘法？而用标准形式时，需要做多少次乘法？你能把你的结论推广到任意 n 次多项式吗？

46

⊖ 日本数学史家三上义夫在《中日数学史》一书中详述秦九韶的正负开方术后写道：“霍纳的辉煌方法至少在早于欧洲 600 年之前就已经在中国运用了。”——译者注

艾丽娅和来自数据分析的意外挑战

艾丽娅是一名对数学、生物、文学和表演感兴趣的大学生。就像典型的大学生一样，她在校园里边走边发短信，抱怨苛求的教授，在她的博客里争论家庭作业应该被禁止。

艾丽娅正在上化学课，她在实验室里做测定两种物质的质量的实验。由于很难进行精确的测量，她只能估算具有 4 位有效数字的质量：2.312 克和 0.003 982 克。艾丽娅的教授希望知道这两个质量的乘积，这将用在一个公式里。

艾丽娅用她的计算器计算乘积：$2.312 \times 0.003\,982 = 0.009\,206\,384$。她迷惑地盯着结果，她用来算乘积的数有 4 位有效数字，而乘积有 7 位有效数字！这可能是某种魔法的结果吗？就像片刻之前还是一块手帕，现在有一只兔子从魔术师的帽子里跳出来？经过一番考虑后，艾丽娅决定报告给她的教授的答案为 0.009 206。你认为艾丽娅不报告乘积的所有数位是正确的吗？

47

应用数学中误差的来源

下面列出了我们在解题时潜在的误差来源。

1. 由实际问题在形成数学模型时简化假设而产生的误差。

2. 传播的误差。
3. 实际数据的不确定性：收集和测量数据时产生的误差。
4. 机器误差：舍入/截断、下溢、上溢等。
5. 数学截断误差：用数值方法解题时所产生的误差。例如用有限和来估算级数，用数值积分来估算定积分，用数值方法来解微分方程。

例 23 地球的体积可以用球体的体积公式 $V = 4/3\pi r^3$ 来计算，其中 r 是半径。这种计算包括了下面的近似：

1. 把地球建模为一个球体（模型误差）。
2. 半径 $r \approx 6370$ km 是根据经验测得的（实际数据的不确定性）。
3. 所有的数值计算都是在计算机上完成的（机器误差）。
4. π 的值必须截断（数学截断误差）。

习题 1.3-6 下面的内容摘自参考文献 [7]：

> 1996 年，欧洲航天局发射的阿丽亚娜 5 型火箭从法属圭亚那的库鲁起飞以后 40 秒发生爆炸。调查确定水平速度需要从 64 位浮点数转换为 16 位带符号整数。但没有做到，这是因为这个数大于计算机能够存储在内存中的这种类型的最大数 32 767。这个火箭及其货物价值 5 亿美元。

在网上或图书馆寻找计算机运算出现严重错误的另一个例子，用简短的文字解释它，并给出参考文献。

48

第2章

First Semester in Numerical Analysis with Julia

方程求根

艾丽娅与莱茵德莎草纸的秘密

大学生活充满了冒险，也充满了智慧。艾丽娅选修了一门科学历史课程。她学习莱茵德莎草纸，这是一种古埃及的莎草纸，在1858年被埃及卢克索的一个名为亨利·莱茵德的古董商收购（如图2.1所示）。

图2.1　莱茵德数学莎草纸（知识共享许可协议授权的大英博物馆影像）

这张莎草纸上有许多数学问题及它们的解答，参考文献[2]提供了译文。下面是取自[2]中的问题26：

一个数和它的1/4加起来是15，这个数是多少？

假设是4。

\1	4
\1/4	1
总数	5

如同 5 必须乘以多少得到 15 一样，4 必须乘以多少得到所求的数。

\1	5
\2	10
总倍数	3

3 乘以 4。

1	3
2	6
\4	12

这个数是

	12
1/4	3
和	15

艾丽娅的指导教师知道她已上过数学课，就问她是否能破译这个答案。虽然艾丽娅对这项任务的最初反应可以用“绝望”这个词来形容，但她很快意识到事情没有她想的那样糟糕。下面是她的思考过程：用我们现代的符号，这个问题就是，如果 $x+x/4=15$，求出 x。对解的最初猜想是 $p=4$。然后计算当 $x=p$ 时 $x+x/4$ 的值，发现结果是 5：而我们需要的结果是 15，不是 5。但是，如果我们在 $p+p/4=5$ 的两边乘以 3，得到 $(3p)+(3p)/4=15$。所以答案是 $3p=12$。

50

下面是对这种解答技术的更一般分析。假设我们希望求出方程 $g(x)=a$ 的解，这里 g 是线性映射，即对任何常数 λ 有 $g(\lambda x)=\lambda g(x)$ 成立。则解就是 $x=ap/b$，其中 p 是最初猜想，满足 $g(p)=b$。要看到这一点，只需观察

$$g\left(\frac{ap}{b}\right) = \frac{a}{b}g(p) = a$$

一般问题

如何解那些比古埃及人解决的远为复杂的方程?例如,如何解 $x^2+5\cos x=0$? 换句话说,如何求出根 p 使得 $f(p)=0$,其中 $f(x)=x^2+5\cos x$? 在这一章,我们将学习一些解方程的迭代方法。**迭代法**是产生一列数 $p_1,p_2,\cdots$ 使得 $\lim_{n\to\infty} p_n = p$,而 p 就是我们要寻找的根。当然,我们不可能计算准确的极限,从而我们在某个大的 N 时停止迭代,且用 p_N 作为 p 的近似值。

终止准则

使用任何迭代法时,一个关键的问题是如何确定何时停止迭代。p_N 接近 p 的程度如何?

设 $\varepsilon>0$ 是预先挑选的小的容许误差。下面是一些终止准则。当以下条件满足时,停止迭代:

1. $|p_N - p_{N-1}| < \varepsilon$,
2. $\left|\frac{p_N - p_{N-1}}{p_N}\right| < \varepsilon, p_N \neq 0$,
3. $|f(p_N)| < \varepsilon$。

但是,任何一项准则都会出现困难:

1. 有可能得到一个数列 $\{p_n\}$,使得 $p_n - p_{n-1} \to 0$,但 $\{p_n\}$ 发散。
2. 有可能得到的 $|f(p_N)|$ 很小(称为残差),但 p_N 并不接近 p。

在数值结果中,我们将试用各种终止准则。但第 2 个准则通常比其他的更可取。

51

习题 2.0-1 解下列问题并讨论与它们有关的终止准则。

a) 考虑数列 $p_n = \sum_{i=1}^{n} \frac{1}{i}$。证明 p_n 发散,但 $\lim_{n\to\infty}(p_n - p_{n-1}) = 0$。

b) 设 $f(x)=x^{10}$。显然 $p=0$ 是 f 的一个根。数列 $p_n = \frac{1}{n}$ 收敛于 p。证明:当 $n>1$ 时,$f(p_n)<10^{-3}$,但要得到 $|p-p_n|<10^{-3}$,n 必须大于 10^3。

2.1 迭代法的误差分析

设我们有一个迭代法 $\{p_n\}$ 收敛到某个函数的根 p。怎样来评估收敛速率呢？

定义 24 设 $\{p_n\}$ 收敛到 p。如果有常数 $C>0$ 和 $\alpha>1$ 使得在 $n\geqslant 1$ 时，

$$|p_{n+1}-p|\leqslant C|p_n-p|^{\alpha} \tag{2.1}$$

我们称 $\{p_n\}$ 是 α 次收敛到 p。

特殊情况

- 若 $\alpha=1$ 和 $C<1$，则我们称它为线性收敛，且收敛速率为 C。这种情况用归纳法可以证明

$$|p_{n+1}-p|\leqslant C^n|p_1-p| \tag{2.2}$$

  但对某些方法来说，式 (2.2) 成立，而式 (2.1) 对任何 $C<1$ 都不成立。我们仍然称这些方法为线性收敛。二分法就是一个例子。

- 如果 $\alpha>1$，我们称收敛是超线性的。特别地，$\alpha=2$ 的情况称为二次收敛。

52

例 25 考虑下面定义的数列：

$$p_{n+1}=0.7p_n \text{ 与 } p_1=1$$

$$p_{n+1}=0.7p_n^2 \text{ 与 } p_1=1$$

第 1 个数列是线性收敛到 0，而第 2 个是二次收敛到 0。下面列出这两个数列的几次迭代：

n	线性	二次
1	0.7	0.7
4	0.24	4.75×10^{-3}
8	5.76×10^{-2}	3.16×10^{-40}

注意，相比于线性收敛，二次收敛有多快！

2.2　二分法

回顾一下介值定理（IVT），定理 6：如果定义在 $[a,b]$ 上的函数 f 满足 $f(a)f(b)<0$，则存在 $p\in[a,b]$，使得 $f(p)=0$。

下面是该方法背后的想法：在每一步迭代，把区间 $[a,b]$ 分为两个子区间，并计算中点的 f 值。丢弃不包含根的子区间，继续对另一子区间对分。

例 26　对图 2.2 绘制的函数手动算出前 3 步迭代：

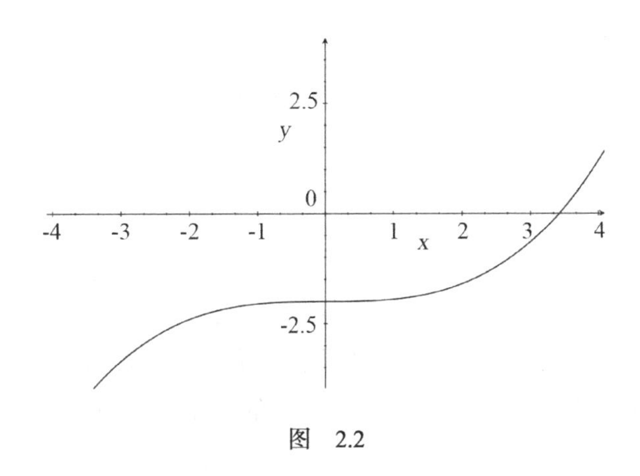

图　2.2

第 1 步：为开始迭代，需要选定一个包含根的，即满足 $f(a)f(b)<0$ 的区间 $[a,b]$。由图显然可见，$[0,4]$ 是一个可能的选择。在接下来的几步，我们将处理一系列的区间。为方便起见，把它们标记为 $[a,b]=[a_1,b_1]$，$[a_2,b_2]$，$[a_3,b_3]$，等等。第一个区间是 $[a_1,b_1]=[0,4]$。接着求出这个区间的中点 $p_1=4/2=2$ 以及用它来得到两个子区间 $[0,2]$ 和 $[2,4]$。其中只有一个包含根，那是 $[2,4]$。

第 2 步：从前一步知道，当前的区间是 $[a_2,b_2]=[2,4]$。求出它的中点[⊖] $p_2=\dfrac{2+4}{2}=3$，并形成子区间 $[2,3]$ 和 $[3,4]$。其中包含根的是 $[3,4]$。

第 3 步：我们已有 $[a_3,b_3]=[3,4]$。它的中点是 $p_3=3.5$。现在我们已经非常接近根，停止计算。

在这个简单的例子中，我们没有考虑：

- 终止准则。

⊖　注意我们是如何用迭代步数来标记中点和区间的端点的。

- 这个终止准则可能在合理的时间内得不到满足。我们需要一个愿意运行代码的最大迭代次数。

评注 27

1. 数值上更稳定的计算中点的公式是 $a+\dfrac{b-a}{2}$（见例 20）。
2. 有一个方便的针对二分法的终止准则，我们前面没有提到。当第 n 步的区间 $[a,b]$ 使得 $|a-b|<\varepsilon$ 时停止迭代。这类似于前面讨论过的第 1 个终止准则，但并不一样。我们也可以用不止一个终止准则，下面的 Julia 代码就是一个例子。

二分法的 Julia 代码

在例 26 中，我们通过标记为 $[a_1,b_1],[a_2,b_2],\cdots$ 和 $p_1,p_2,\cdots$ 记录由二分法得到的区间和中点。这样，我们知道在第 n 步是在区间 $[a_n,b_n]$ 上迭代，它的中点是 p_n。这种方式在下一个定理中我们研究方法的收敛性时有用。但计算机代码不需要记录这些区间和中点。在下面的 Julia 代码中，让 $[a,b]$ 是当前正在迭代的区间，而对下一步得到的新区间，仍简单地称它为 $[a,b]$，覆盖旧的区间。类似地，称中点为 p，然后在每一步更新它。

54

```
In [1]: function bisection(f::Function,a,b,eps,N)
            n=1
            p=0. # to ensure the value of p carries out of the
            # while loop
            while n<=N
                p = a+(b-a)/2
                if f(p)==0 || abs(a-b)<eps
                    return println("p is $p and the iteration number
                    is $n")
                end
                if f(a)f(p)<0
                    b=p
                else
                    a=p
                end
                n=n+1
            end
            y=f(p)
```

```
        println("Method did not converge. The last iteration
        gives $p with function value $y")
    end

Out[1]: bisection (generic function with 1 method)
```

让我们用二分法和 $\varepsilon = 10^{-4}$，求 $f(x) = x^5 + 2x^3 - 5x - 2$ 的根和近似根的函数值（In [3]）。注意，由于 $f(0) < 0$ 和 $f(2) > 0$，$[0,2]$ 包含一个根。下面设置 $N = 20$。

```
In [2]: bisection(x -> x^5+2x^3-5x-2,0,2,10^(-4.),20)

p is 1.319671630859375 and the iteration number is 16


In [3]: x=1.319671630859375;
        x^5+2x^3-5x-2

Out[3]: 0.000627945623044468
```

55

我们来看看，在 N 设置得太小（下面 N 为 5），迭代没有收敛的情况下会发生什么。

```
In [4]: bisection(x -> x^5+2x^3-5x-2,0,2,10^(-4.),5)

Method did not converge. The last iteration gives 1.3125 with
        function value -0.14562511444091797
```

定理 28　假设 $f \in C^0[a,b]$ 和 $f(a)f(b) < 0$。二分法产生的数列 $\{p_n\}$ 逼近 $f(x)$ 的零点 p，且有

$$|p_n - p| \leqslant \frac{b-a}{2^n}, n \geqslant 1$$

证明　设数列 $\{a_n\}$ 和 $\{b_n\}$ 表示由二分法产生的子区间的左端点和右端点。因为在每一步区间都是减半，我们有

$$b_n - a_n = \frac{1}{2}(b_{n-1} - a_{n-1})$$

由数学归纳法，我们得到

$$b_n - a_n = \frac{1}{2}(b_{n-1} - a_{n-1}) = \frac{1}{2^2}(b_{n-2} - a_{n-2}) = \cdots = \frac{1}{2^{n-1}}(b_1 - a_1)$$

所以，$b_n-a_n=\frac{1}{2^{n-1}}(b-a)$。注意到

$$|p_n-p|\leqslant\frac{1}{2}(b_n-a_n)=\frac{1}{2^n}(b-a) \tag{2.3}$$

从而当 $n\to\infty$ 时，$|p_n-p|\to 0$。 □

推论 29　二分法具有线性收敛性。

证明　对任何 $C<1$，二分法不满足式 (2.1)，但从前一个定理以及 $C=1/2$，它满足式 (2.2) 的一个变体。 □

求出得到指定精度的迭代次数　给定 L，我们能找到 n 来确保 $|p_n-p|\leqslant 10^{-L}$ 吗？从前一个定理证明的式 (2.3)，我们有：$|p_n-p|\leqslant\frac{1}{2^n}(b-a)$。因此，只要选一个足够大的 n 使得上界 $\frac{1}{2^n}(b-a)$ 小于 10^{-L}，就能使 $|p_n-p|\leqslant 10^{-L}$：

56

$$\frac{1}{2^n}(b-a)\leqslant 10^{-L}\Rightarrow n\geqslant\log_2\left(\frac{b-a}{10^{-L}}\right)$$

例 30　$f(x)=x^5+2x^3-5x-2=0$，初始区间 $[a,b]=[0,2]$，确定求解精度为 10^{-4} 的 $f(x)$ 的根所需要的迭代次数。

解　因为 $n\geqslant\log_2\left(\frac{2}{10^{-4}}\right)=4\log_2 10+1=14.3$，从而所需要的迭代次数是 15。

习题 2.2-1　按照下面的要求，用二分法求出 $f(x)=x^3+4x^2-10$ 的根：

a) 修改用于二分法的 Julia 代码，使得代码仅仅用 $f(p)=0$ 是否成立作为终止准则（从代码中移除其他终止准则）。同时在代码中增加打印语句，在每次新的 p 值计算后，Julia 打印这个 p 值和迭代次数。

b) 应用 2.2 节的理论结果求出精度为 10^{-4} 的根所需的迭代次数 N。（函数 $f(x)$ 在 $(1,2)$ 中有一个根，所以设置 $a=1$，$b=2$。）

c) 使用（b）中得到的 N 来运行代码，计算 $p_1,p_2,\cdots,p_N$（在修改的 Julia 代码中，设置 $a=1$，$b=2$）。

d) 准确到 6 位数字的根是 $p=1.365\,23$。求出用 p_N 近似这个根时的绝对误差，即求出 $|p-p_N|$。将这个误差与 (b) 中使用的误差上界相比较。

习题 2.2-2　按以下步骤，用二分法求出 $25^{1/3}$ 的精确到 10^{-5} 以内的近似值：

a) 首先把它表达为求 $f(x)=0$ 的根 $p=25^{1/3}$ 的问题。

b) 用介值定理求出包含根的区间 (a,b)。

c) 解析地确定得到精度为 10^{-5}（的根）所需要的迭代次数。

d) 用二分法的 Julia 代码计算来自（c）的迭代，并将实际的绝对误差与 10^{-5} 相比较。

57

2.3　牛顿法

设 $f\in C^2[a,b]$，即 f,f' 与 f'' 在 $[a,b]$ 上连续。设使得 $f'(p_0)\neq 0$ 的 p_0 是 p 的一个“好”的近似值，且 $|p-p_0|$ 是“小”的。f 在 p_0 点的一阶泰勒多项式及其余项为

$$f(x)=f(p_0)+(x-p_0)f'(p_0)+\frac{(x-p_0)^2}{2!}f''(\xi(x))$$

其中 $\xi(x)$ 是介于 x 和 p_0 的一个数。代入 $x=p$ 并注意 $f(p)=0$，得到

$$0=f(p_0)+(p-p_0)f'(p_0)+\frac{(p-p_0)^2}{2!}f''(\xi(p))$$

其中 $\xi(p)$ 是介于 p 和 p_0 的一个数。重新整理等式，得到

$$p=p_0-\frac{f(p_0)}{f'(p_0)}-\frac{(p-p_0)^2}{2}\frac{f''(\xi(p))}{f'(p_0)} \tag{2.4}$$

如果 $|p-p_0|$ 是“小”的，则 $(p-p_0)^2$ 就更小，从而可以丢弃误差项，得到以下近似：

$$p\approx p_0-\frac{f(p_0)}{f'(p_0)}$$

牛顿法的想法就是将下一个迭代值 p_1 设置为这个 p 的近似值：

$$p_1=p_0-\frac{f(p_0)}{f'(p_0)}$$

等式 (2.4) 可以写为

$$p = p_1 - \frac{(p-p_0)^2}{2}\frac{f''(\xi(p))}{f'(p_0)} \tag{2.5}$$

总结　从 p 的一个初始近似值 p_0 开始，由下式产生数列 $\{p_n\}_{n=1}^{\infty}$：

$$p_n = p_{n-1} - \frac{f(p_{n-1})}{f'(p_{n-1})}, n \geqslant 1 \tag{2.6}$$

这称为牛顿法。

图像解释：

58

从 p_0 开始。做过点 $(p_0, f(p_0))$ 的切线，用此切线的截距 p_1 来近似 p：

$$f'(p_0) = \frac{0-f(p_0)}{p_1-p_0} \Rightarrow p_1 - p_0 = -\frac{f(p_0)}{f'(p_0)} \Rightarrow p_1 = p_0 - \frac{f(p_0)}{f'(p_0)}$$

紧接着做过点 $(p_1, f(p_1))$ 的切线，如此继续。

评注 31

1. 显然，如果对某个 n，$f'(p_n)=0$，则牛顿法会失败。在图像上，这意味着切线平行于 x 轴，所以得不到 x 截距。
2. 如果初始猜测 p_0 不接近 p，则牛顿法会不收敛。在图 2.3 中，任何一种 p_0 的选择，得到的都是在这两点之间来回摆动的数列。

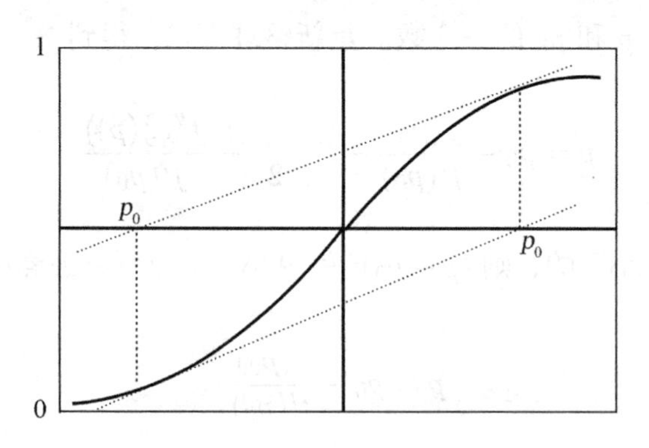

图 2.3　牛顿法的不收敛性态

3. 牛顿法需要 $f'(x)$ 的显式表达。

习题 2.3-1　画出 $f(x)=x^2-1$ 的草图。方程 $f(x)=0$ 的根是什么？

1. 设 $p_0=1/2$，用牛顿法手动计算前两次迭代值 p_1，p_2。把这两次迭代标记在你画的 f 的草图上。你认为迭代会收敛到 f 的零点吗？

2. 设 $p_0=0$，求出 p_1。你关于这个迭代的收敛性的结论是什么？

59

牛顿法的 Julia 代码

下面的 Julia 代码基于等式 (2.6)。代码中的变量 *pin* 对应 p_{n-1}，p 对应 p_n。代码在迭代继续时覆盖重写这些变量。同时注意，代码有两个输入函数 f 和 *fprime*（导函数 f'）。

```
In [1]: function newton(f::Function,fprime::Function,pin,eps,N)
            n=1
            p=0. # to ensure the value of p carries out of the
            # while loop
            while n<=N
                p=pin-f(pin)/fprime(pin)
                if f(p)==0 || abs(p-pin)<eps
                    return println("p is $p and the iteration
                    number is $n")
                end
                pin=p
                n=n+1
            end
            y=f(p)
            println("Method did not converge. The last iteration
            gives $p with function value $y")
        end

Out[1]: newton (generic function with 1 method)
```

让我们用牛顿法，求以前考虑过的函数 $f(x)=x^5+2x^3-5x-2$ 的根。首先，画出这个函数的图像。

```
In [2]: using PyPlot
```

```
In [3]: x=range(-2,2,length=1000)
        y=map(x->x^5+2*x^3-5*x-2,x)
```

```
ax = gca()
ax[:spines]["bottom"][:set_position]("center")
ax[:spines]["left"][:set_position]("center")
ax[:spines]["top"][:set_position]("center")
ax[:spines]["right"][:set_position]("center")
ax[:set_ylim]([-40,40])
plot(x,y);
```

60

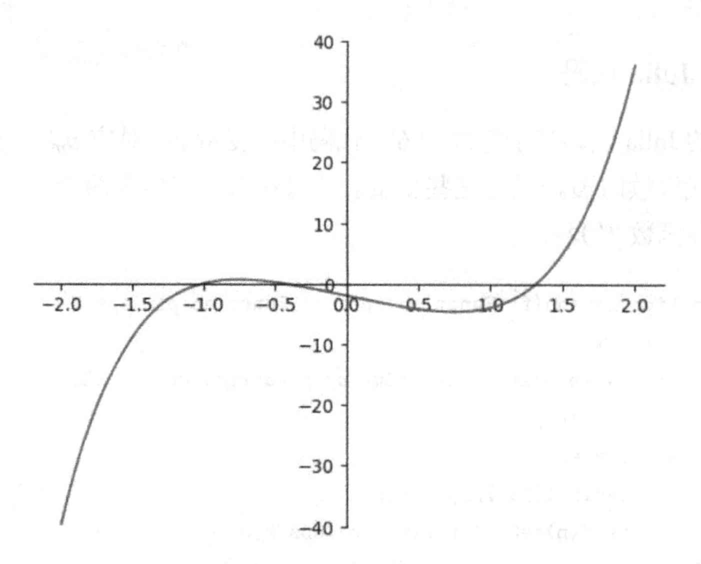

导函数是 $f' = 5x^4 + 6x^2 - 5$，我们在代码中设置 pin $= 1$，eps $= \varepsilon = 10^{-4}$ 和 $N = 20$。

```
In [4]: newton(x -> x^5+2x^3-5x-2,x->5x^4+6x^2-5,1,10^(-4.),20)
```

```
p is 1.3196411672093726 and the iteration number is 6
```

回顾一下，二分法需要 16 次迭代得到 $p = 1.319\,67$ 来近似 [0,2] 中的根。（但二分法与牛顿法的终止准则稍有不同。）在图像上，1.3196 是最右边的根，而该函数还有另一个根。让我们在 pin $= 0$ 时运行代码。

61

```
In [5]: newton(x -> x^5+2x^3-5x-2,x->5x^4+6x^2-5, 0,10^(-4.),20)
```

```
p is -0.43641313299799755 and the iteration number is 4
```

现在用 pin $= -2.0$，这将得到最左边的根。

```
In [6]: newton(x -> x^5+2x^3-5x-2,x->5x^4+6x^2-5, -2,10^(-4.),20)
```

```
p is -1.0000000001014682 and the iteration number is 7
```

定理 32　设 $f \in C^2[a,b]$，假定 $p \in (a,b)$ 时 $f(p)=0$，$f'(p) \neq 0$。如果所选的 p_0 充分接近 p，则牛顿法产生的数列收敛于 p，而且

$$\lim_{n\to\infty} \frac{p-p_{n+1}}{(p-p_n)^2} = -\frac{f''(p)}{2f'(p)}$$

证明　因为 f' 连续且 $f'(p) \neq 0$，所以在区间 $I=[p-\varepsilon, p+\varepsilon]$ 上 $f' \neq 0$。设

$$M = \frac{\max_{x\in I}|f''(x)|}{2\min_{x\in I}|f'(x)|}$$

从区间 I 中选取 p_0（这意味着 $|p-p_0| \leqslant \varepsilon$），充分接近 p，以便 $M|p-p_0|<1$。从等式 (2.5)，我们有

$$|p-p_1| = \frac{|p-p_0||p-p_0|}{2}\left|\frac{f''(\xi(p))}{f'(p_0)}\right| < |p-p_0||p-p_0|M < |p-p_0| \leqslant \varepsilon \quad (2.7)$$

在 $|p-p_1|<|p-p_0|$ 的两边同乘以 M，得到 $M|p-p_1|<M|p-p_0|<1$，所以我们已经得到 $|p-p_1|<\varepsilon$ 和 $M|p-p_1|<1$。对 $|p-p_2|$ 重复用于式 (2.7) 中的论证，可以证明 $|p-p_2|<\varepsilon$ 和 $M|p-p_2|<1$。因此由归纳法，$|p-p_n|<\varepsilon$ 和 $M|p-p_n|<1$ 对所有的 n 成立。这隐含着所有的迭代值 p_n 都在区间 I 内，在牛顿法的迭代中 $f'(p_n)$ 恒不为 0。

如果我们在等式 (2.5) 中用 p_{n+1} 代替 p_1，用 p_n 代替 p_0，就得到

$$p-p_{n+1} = -\frac{(p-p_n)^2}{2}\frac{f''(\xi(p))}{f'(p_n)} \quad (2.8)$$

其中 $\xi(p)$ 是介于 p 和 p_n 的数。由于 $\xi(p)$ 随 n 递归变化，我们可以把符号更新为 $\xi(p)=\xi_n$。这样，等式 (2.8) 隐含着

$$|p-p_{n+1}| \leqslant M|p-p_n|^2 \Rightarrow M|p-p_{n+1}| \leqslant (M|p-p_n|)^2$$

类似地，$|p-p_n| \leqslant M|p-p_{n-1}|^2$ 或者 $M|p-p_n| \leqslant (M|p-p_{n-1}|)^2$，这样 $M|p-p_{n+1}| \leqslant (M|p-p_{n-1}|)^{2^2}$。用归纳法可以证明

$$M|p-p_n| \leqslant (M|p-p_0|)^{2^n} \Rightarrow |p-p_n| \leqslant \frac{1}{M}(M|p-p_0|)^{2^n}$$

因为 $M|p-p_0|<1$，当 $n\to\infty$ 时 $|p-p_n|\to 0$，所以 $\lim_{n\to\infty} p_n = p$。最后，

62

$$\lim_{n\to\infty}\frac{p-p_{n+1}}{(p-p_n)^2} = \lim_{n\to\infty} -\frac{1}{2}\frac{f''(\xi_n)}{f'(p_n)}$$

因为 $p_n\to p$ 和 ξ_n 介于 p_n 与 p 之间，$\xi_n\to p$，所以

$$\lim_{n\to\infty}\frac{p-p_{n+1}}{(p-p_n)^2} = -\frac{1}{2}\frac{f''(p)}{f'(p)}$$

定理得证。 □

推论 33 牛顿法具有二次收敛性。

证明 回顾一下，二次收敛的意思是

$$|p_{n+1}-p| \leqslant C|p_n-p|^2$$

对某个常数 $C>0$ 成立。在前一个定理所确立的极限式取绝对值，得到

$$\lim_{n\to\infty}\left|\frac{p-p_{n+1}}{(p-p_n)^2}\right| = \lim_{n\to\infty}\frac{|p_{n+1}-p|}{|p_n-p|^2} = \left|\frac{1}{2}\frac{f''(p)}{f'(p)}\right|$$

设 $C'=\left|\frac{1}{2}\frac{f''(p)}{f'(p)}\right|$。从数列极限的定义知，对任何 $\varepsilon>0$，存在整数 $N>0$，使得当 $n>N$ 时，$\frac{|p_{n+1}-p|}{|p_n-p|^2}<C'+\varepsilon$。设 $C=C'+\varepsilon$，当 $n>N$ 时，$|p_{n+1}-p|\leqslant C|p_n-p|^2$。

□

例 34 布莱克 – 休斯 – 墨顿公式（BSM formula）是计算一种称为**欧式选择权**（European call option）的合约的公平价格。1997 年麦伦 · 休斯和罗伯特 · 墨顿凭借该模型获得诺贝尔经济学奖。这一合约给予所有者在将来某个时间以指定的价格购买写在（比如说）股票上的资产的权利。指定的价格标为 K，称为执行价；将来的某个时间标为 T，称为选择权有效期。这个公式给出的欧式选择权的价格 C 为：

$$C = S\phi(\mathrm{d}_1) - K\mathrm{e}^{-rT}\phi(\mathrm{d}_2)$$

其中 S 是资产的现价，r 是无风险利率，而 $\phi(x)$ 是由下式给出的标准正态随机变量的分布函数:

$$\phi(x)=\frac{1}{\sqrt{2\pi}}\int_{-\infty}^{x}\mathrm{e}^{-t^2/2}\,\mathrm{d}t$$

其中常数 $\mathbb{d}_1,\mathbb{d}_2$ 是由下式得到:

$$\mathbb{d}_1=\frac{\log(S/K)+(r+\sigma^2/2)T}{\sigma\sqrt{T}},\ \mathbb{d}_2=\mathbb{d}_1-\sigma\sqrt{T}$$

63

除了被称为资产波动率的 σ 以外，其他所有在 BSM 公式中的常数都可以被观察到。波动率必须从实验数据以某种方法来估算。我们希望专注于 C 和 σ 之间的关系，把 C 看作只是 σ 的函数。我们把 BSM 公式改写，以强调 σ:

$$C(\sigma)=S\phi(\mathbb{d}_1)-K\mathrm{e}^{-rT}\phi(\mathbb{d}_2)$$

这个独立变量 σ 看上去从上式的右边消失了，但并非如此：常数 $\mathbb{d}_1,\mathbb{d}_2$ 两者都依赖 σ。我们也可以把 $\mathbb{d}_1,\mathbb{d}_2$ 看作是 σ 的函数。

有两个问题是金融工程师感兴趣的:

- 根据 σ 的估值计算选择权的价格 C。
- 观察选择的价格 $\hat{C}$ 在市场的交易，并求出对应于 σ^* 时 BSM 公式所给出的输出 $\hat{C}$，即 $C(\sigma^*)=\hat{C}$。用这种方法得到的波动率 σ^* 称为**隐含波动率**。

第 2 个问题可以用方程求根法，特别是牛顿法来解答。综上所述，我们希望求解方程:

$$C(\sigma)-\hat{C}=0$$

其中 $\hat{C}$ 是给定常数，而

$$C(\sigma)=S\phi(\mathbb{d}_1)-K\mathrm{e}^{-rT}\phi(\mathbb{d}_2)$$

为使用牛顿法，需要 $C'(\sigma)=\dfrac{\mathrm{d}C}{\mathrm{d}\sigma}$。因为 $\mathbb{d}_1,\mathbb{d}_2$ 是 σ 的函数，我们有

$$\frac{\mathrm{d}C}{\mathrm{d}\sigma}=S\frac{\mathrm{d}\phi(\mathbb{d}_1)}{\mathrm{d}\sigma}-K\mathrm{e}^{-rT}\frac{\mathrm{d}\phi(\mathbb{d}_2)}{\mathrm{d}\sigma}\tag{2.9}$$

让我们来计算式 (2.9) 右边的导数。

64

$$\frac{d\phi(d_1)}{d\sigma} = \frac{d}{d\sigma}\left(\frac{1}{\sqrt{2\pi}}\int_{-\infty}^{d_1} e^{-t^2/2}\,dt\right) = \frac{1}{\sqrt{2\pi}}\left(\frac{d}{d\sigma}\underbrace{\int_{-\infty}^{d_1} e^{-t^2/2}\,dt}_{u}\right)$$

我们用链式法则来计算导数 $\frac{d}{d\sigma}\underbrace{\int_{-\infty}^{d_1} e^{-t^2/2}\,dt}_{u} = \frac{du}{d\sigma}$:

$$\frac{du}{d\sigma} = \frac{du}{dd_1}\frac{dd_1}{d\sigma}$$

以上第 1 项的导数可由微积分基本定理求得：

$$\frac{du}{dd_1} = e^{-d_1{}^2/2}$$

而第 2 项导数通过应用商的求导法则得到：

$$\frac{dd_1}{d\sigma} = \frac{d}{d\sigma}\left(\frac{\log(S/K)+(r+\sigma^2/2)T}{\sigma\sqrt{T}}\right) = \sqrt{T} - \frac{\log(S/K)+(r+\sigma^2/2)T}{\sigma^2\sqrt{T}}$$

把以上各项结果放在一起，我们有：

$$\frac{d\phi(d_1)}{d\sigma} = \frac{e^{-d_1{}^2/2}}{\sqrt{2\pi}}\left(\sqrt{T} - \frac{\log(S/K)+(r+\sigma^2/2)T}{\sigma^2\sqrt{T}}\right)$$

回到等式 (2.9) 中我们要计算的第 2 项导数，我们有

$$\frac{d\phi(d_2)}{d\sigma} = \frac{1}{\sqrt{2\pi}}\left(\frac{d}{d\sigma}\int_{-\infty}^{d_2} e^{-t^2/2}\,dt\right)$$

用锁链法则和微积分的基本定理，我们得到

$$\frac{d\phi(d_2)}{d\sigma} = \frac{e^{-d_2{}^2/2}}{\sqrt{2\pi}}\frac{dd_2}{d\sigma}$$

因 $\mathbb{d}_2$ 是定义为 $\mathbb{d}_2 = \mathbb{d}_1 - \sigma\sqrt{T}$，我们可以用 $\mathrm{d}\mathbb{d}_1/\mathrm{d}\sigma$ 把 $\mathrm{d}\mathbb{d}_2/\mathrm{d}\sigma$ 表示为：

$$\frac{\mathrm{d}\mathbb{d}_2}{\mathrm{d}\sigma} = \frac{\mathrm{d}\mathbb{d}_1}{\mathrm{d}\sigma} - \sqrt{T}$$

最后得到我们所需的导数为

$$\begin{aligned}\frac{\mathrm{d}C}{\mathrm{d}\sigma} =& \frac{S\exp\left(-\frac{\mathbb{d}_1{}^2}{2}\right)}{\sqrt{2\pi}}\left(\sqrt{T} - \frac{\log\left(\frac{S}{K}\right) + \left(r + \frac{\sigma^2}{2}\right)T}{\sigma^2\sqrt{T}}\right) \\ &+ K\frac{\exp\left(-\left(rT + \frac{\mathbb{d}_2{}^2}{2}\right)\right)}{\sqrt{2\pi}}\left(\frac{\log\left(\frac{S}{K}\right) + \left(r + \frac{\sigma^2}{2}\right)T}{\sigma^2\sqrt{T}}\right)\end{aligned} \tag{2.10}$$

我们已准备好用牛顿法来解方程 $C(\sigma) - \hat{C} = 0$。现在我们来寻找一些数据。 65

在 2018 年 12 月 8 日，通用电气公司（The General Electric Company，GE）的股票现价 S 是 7.01 美元，欧式选择权的有效期到 2018 年 12 月 14 日，价格 $\hat{C}$ 是 0.10 美元。选择权的执行价格 $K = 7.5$ 美元。无风险利率 r 是 2.25%。到期期限 T 以年为单位计算，因为一年有 252 个交易日，$T = 6/252$。我们把这些信息输入 Julia：

```
In [1]: S=7.01
         K=7.5
         r=0.0225
         T=6/252;
```

我们还未讨论怎样来计算标准正态随机变量的分布函数值 $\phi(x) = \frac{1}{\sqrt{2\pi}}\int_{-\infty}^{x} \mathrm{e}^{-t^2/2}\,\mathrm{d}t$。在第 4 章，我们将讨论如何计算数值积分。但对这个例子，我们在下面用 Julia 已有的内置函数来计算 $\phi(x)$。它在一个名为 Distributions 的软件包内（In [2]），并定义 `stdnormal` 为标准正态随机变量：

```
In [2]: using Distributions
```

```
In [3]: stdnormal=Normal(0,1)
```

```
Out[3]: Distributions.Normal{Float64}(μ=0.0,σ=1.0)
```

内置函数 cdf(stdnormal,x) 计算标准正态分布函数在 x 的值。我们根据这个内置函数写一个与分布函数的符号 $\phi(x)$ 相匹配的函数 phi(x)。

```
In [4]: phi(x)=cdf(stdnormal,x)

Out[4]: phi (generic function with 1 method)
```

下一步定义 $C(\sigma)$ 和 $C'(\sigma)$。在 Julia 代码中，用 x 来代替 σ。

```
In [5]: function c(x)
            d1=(log(S/K)+(r+x^2/2)*T)/(x*sqrt(T))
            d2=d1-x*sqrt(T)
            return S*phi(d1)-K*exp(-r*T)*phi(d2)
        end

Out[5]: c (generic function with 1 method)
```

66

函数 cprime(x)（导函数 $C'(\sigma)$）基于等式 (2.10)：

```
In [6]: function cprime(x)
            d1=(log(S/K)+(r+x^2/2)*T)/(x*sqrt(T))
            d2=d1-x*sqrt(T)
            A=(log(S/K)+(r+x^2/2)*T)/(sqrt(T)*x^2)
            return S*(exp(-d1^2/2)/sqrt(2*pi))*(sqrt(T)-A)
            +K*exp(-(r*T+d2^2/2))*A/sqrt(2*pi)
            end

Out[6]: cprime (generic function with 1 method)
```

然后我们加载 newton 函数（见**牛顿法的 Julia 代码**开始的 In [1]），并运行它来求出隐含波动率，结果是 62%。

```
In [7]: newton(x->c(x)-0.1,x->cprime(x),1,10.^-4.,60)

p is 0.6237560597549227 and the iteration number is 40
```

2.4 弦截法

牛顿法的一个缺点是需要知道 $f'(x)$ 的显式表达，以便计算下式中的 $f'(p_{n-1})$：

$$p_n = p_{n-1} - \frac{f(p_{n-1})}{f'(p_{n-1})}, n \geqslant 1$$

如果不知道 $f'(x)$ 的显式表达，或它的计算是昂贵的，我们可以使用对于某个小的 h 的有限差分来近似 $f'(p_{n-1})$：

$$\frac{f(p_{n-1}+h)-f(p_{n-1})}{h} \tag{2.11}$$

那么我们在每一步迭代需要计算两个 f 的值来近似 f'。确定这个公式中的 h 会带来一定的困难。我们将利用迭代本身将式 (2.11) 这个有限差分改写为

$$\frac{f(p_{n-1})-f(p_{n-2})}{p_{n-1}-p_{n-2}}$$

67

那么，p_n 的递归式就简化为

$$p_n = p_{n-1} - \frac{f(p_{n-1})}{\dfrac{f(p_{n-1})-f(p_{n-2})}{p_{n-1}-p_{n-2}}} = p_{n-1} - f(p_{n-1})\frac{p_{n-1}-p_{n-2}}{f(p_{n-1})-f(p_{n-2})}, n \geqslant 2 \tag{2.12}$$

这称为弦截法。可以看到

1. 不需要计算额外的函数值，
2. 这个递归式需要两个初始猜测 p_0, p_1。

几何解释：过点 $(p_{n-1}, f(p_{n-1}))$ 和 $(p_{n-2}, f(p_{n-2}))$ 的割线（弦）的斜率为 $\dfrac{f(p_{n-1})-f(p_{n-2})}{p_{n-1}-p_{n-2}}$。该割线的 x 截距将被设置为 p_n，它是：

$$\frac{0-f(p_{n-1})}{p_n-p_{n-1}} = \frac{f(p_{n-1})-f(p_{n-2})}{p_{n-1}-p_{n-2}} \Rightarrow p_n = p_{n-1} - f(p_{n-1})\frac{p_{n-1}-p_{n-2}}{f(p_{n-1})-f(p_{n-2})}$$

这就是弦截法的递归式。

以下定理显示，如果初始猜测是“好”的，则弦截法是超线性收敛的。证明参见参考文献 [3]。

定理 35　设 $f \in C^2[a,b]$，并假定 $p \in (a,b)$ 时 $f(p)=0$，$f'(p) \neq 0$。如果初始猜测的 p_0, p_1 充分接近 p，则弦截法迭代收敛于 p，并有

$$\lim_{n\to\infty} \frac{|p-p_{n+1}|}{|p-p_n|^{r_0}} = \left|\frac{f''(p)}{2f'(p)}\right|^{r_1}$$

其中 $r_0 = \dfrac{\sqrt{5}+1}{2} \approx 1.62, r_1 = \dfrac{\sqrt{5}-1}{2} \approx 0.62$。

弦截法的 Julia 代码

下面的代码基于弦截法的递归式 (2.12)。初始猜测在代码中称为 *pzero* 和 *pone*。它使用与牛顿法一样的终止准则。注意，一旦新的迭代 p 被算出，*pone* 就更新为 p，*pzero* 就更新为 *pone*。

68

```
In [1]: function secant(f::Function,pzero,pone,eps,N)
            n=1
            p=0. # to ensure the value of p carries out of the
            # while loop
            while n<=N
                p=pone-f(pone)*(pone-pzero)/(f(pone)-f(pzero))
                if f(p)==0 || abs(p-pone)<eps
                    return println("p is $p and the iteration
                    number is $n")
                end
                pzero=pone
                pone=p
                n=n+1
            end
            y=f(p)
            println("Method did not converge. The last iteration
            gives $p with function value $y")
        end

Out[1]: secant (generic function with 1 method)
```

让我们用弦截法与初始猜测 0.5 和 1 来求 $f(x) = \cos x - x$ 的根。

```
In [2]: secant(x-> cos(x)-x,0.5,1,10^(-4.),20)

p is 0.739085132900112 and the iteration number is 4
```

习题 2.4-1　用弦截法和牛顿法的 Julia 代码来求方程 $\sin x - e^{-x} = 0$ 在 $0 \leqslant x \leqslant 1$ 中的解。设置容许误差为 10^{-4}，并在牛顿法中取 $p_0 = 0$，在弦截法中取 $p_0 = 0$ 和 $p_1 = 1$。目测检查两种方法的估计值并评价它们的收敛速率。

习题 2.4-2

a) 函数 $y = \log x$ 在 $x = 1$ 有一个根。运行用于牛顿法的 Julia 代码并取 $p_0 = 2, \varepsilon = 10^{-4}, N = 20$ 来求根。然后试试 $p_0 = 3$。对于每一种情况，牛顿法都找到这个根了吗？如果 Julia 给出出错信息，解释该错误是什么。

b) 我们可以结合二分法和牛顿法开发一种混合方法。这种方法能够对更大范围的初值 p_0 收敛，并有比二分法更好的收敛速率。

按照如下所述，写一个混合二分法 – 牛顿法的 Julia 代码。（你可以使用讲课笔记上的二分法和牛顿法的 Julia 代码。）

69

你的代码将输入 f, f', a, b, ε 和 N，其中 f 和 f' 是函数和它的导函数，(a,b) 是包含根的区间（即 $f(a)f(b) < 0$），ε 和 N 是容许误差和最大迭代次数。这个代码使用与牛顿法一样的终止准则。

方法从计算 (a,b) 的中点（称为 p_0）开始，应用牛顿法和初始猜测 p_0 来得到 p_1，然后检查 $p_1 \in (a,b)$ 是否成立。如果 $p_1 \in (a,b)$，则代码继续应用牛顿法来计算下一个迭代点 p_2；如果 $p_1 \notin (a,b)$，我们不接受 p_1 作为下一个迭代点，代码转而应用二分法来确定 (a, p_0) 和 (p_0, b) 中哪一个子区间包含根。把 (a,b) 区间更新为那个包含根的子区间，并设置 p_1 为这个区间的中点。一旦得到 p_1，代码就检查终止准则是否被满足。如果被满足，代码将返回 p_1 和迭代次数，并终止计算。如果不满足，代码将应用牛顿法把 p_1 作为初始猜测来计算 p_2，然后检查 $p_2 \in (a,b)$ 是否成立，如此继续。若代码在 N 次迭代后没有终止，则输出与牛顿法类似的出错信息。

把混合方法用于

- 一个已知根的多项式，并检查方法是否求出正确的根。
- $y = \log x$ 和 $(a,b) = (0,6)$，这是（a）中牛顿法失败的例子。

c) 你是否认为，只要初始区间 (a,b) 包含要求的根，则对于任何初始值 p_0，这种混合方法通常都会收敛到这个根？给出解释。

2.5　穆勒法

弦截法用通过 $(p_0,f(p_0))$ 与 $(p_1,f(p_1))$ 两点的线性函数来求出下一个迭代点 p_2。穆勒法则要取三个初始近似值，让抛物线（二次多项式）通过三点 $(p_0,f(p_0))$，$(p_1,f(p_1))$ 与 $(p_2,f(p_2))$，然后用这个多项式的一个根作为下一个迭代点。

把二次函数写为以下形式：

70

$$P(x)=a(x-p_2)^2+b(x-p_2)+c \tag{2.13}$$

从下面的方程中解出 a,b,c：

$$\begin{aligned}
P(p_0)&=f(p_0)=a(p_0-p_2)^2+b(p_0-p_2)+c\\
P(p_1)&=f(p_1)=a(p_1-p_2)^2+b(p_1-p_2)+c\\
P(p_2)&=f(p_2)=c
\end{aligned}$$

得到

$$\begin{aligned}
c&=f(p_2)\\
b&=\frac{(p_0-p_2)(f(p_1)-f(p_2))}{(p_1-p_2)(p_0-p_1)}-\frac{(p_1-p_2)(f(p_0)-f(p_2))}{(p_0-p_2)(p_0-p_1)}\\
a&=\frac{f(p_0)-f(p_2)}{(p_0-p_2)(p_0-p_1)}-\frac{f(p_1)-f(p_2)}{(p_1-p_2)(p_0-p_1)}
\end{aligned} \tag{2.14}$$

既然我们已确定了 $P(x)$，下一步就是解 $P(x)=0$，把它的解设为下一个迭代值 p_3。为此，用 $w=x-p_2$ 代入 (2.13)，把这个二次方程改写为

$$aw^2+bw+c=0$$

由二次求根公式，得到根为

$$\hat{w}=\hat{x}-p_2=\frac{-2c}{b\pm\sqrt{b^2-4ac}} \tag{2.15}$$

设 $\Delta=b^2-4ac$。我们有两个根（它们有可能是复数）$-2c/(b+\sqrt{\Delta})$ 和 $-2c/(b-\sqrt{\Delta})$，需要从中选一个。我们将取其中更接近 p_2 的根。换句话说，那个使得

$|\hat{x}-p_2|$ 最小的根。（如果是复数，则绝对值就是复数的模。）所以我们得到

$$\hat{x}-p_2=\begin{cases}\dfrac{-2c}{b+\sqrt{\Delta}}, & 如果|b+\sqrt{\Delta}|>|b-\sqrt{\Delta}| \\ \dfrac{-2c}{b-\sqrt{\Delta}}, & 如果|b+\sqrt{\Delta}|\leqslant|b-\sqrt{\Delta}|\end{cases} \tag{2.16}$$

穆勒法的下一个迭代点 p_3 是取从上式得到的 $\hat{x}$ 值，即

$$p_3=\hat{x}=\begin{cases}p_2-\dfrac{2c}{b+\sqrt{\Delta}}, & 如果|b+\sqrt{\Delta}|>|b-\sqrt{\Delta}| \\ p_2-\dfrac{2c}{b-\sqrt{\Delta}}, & 如果|b+\sqrt{\Delta}|\leqslant|b-\sqrt{\Delta}|\end{cases}$$

评注 36

1. 穆勒法不仅可以求出实数根，还可以求出复数根。
2. 穆勒法是超线性收敛的，即只要 $f\in C^3[a,b], p\in(a,b)$ 和 $f'(p)\neq 0$，就有
$$\lim_{n\to\infty}\frac{|p-p_{n+1}|}{|p-p_n|^{\alpha}}=\left|\frac{f^{(3)}(p)}{6f'(p)}\right|^{\frac{\alpha-1}{2}}$$
其中 $\alpha\approx 1.84$。
3. 尽管可以发现得不到收敛的病态例子（例如，三个初始值在一条直线上），但穆勒法对各种初始值都收敛。

71

穆勒法的 Julia 代码

下面的 Julia 代码取 p_0，p_1 和 p_2 为初始猜测（在代码中写作 *pzero*，*pone*，*ptwo*），计算等式 (2.14) 的系数 a,b,c，并把根 p_3 取为 p。然后把三个初始猜测更新为最后的三个迭代值，如此继续，直到满足终止准则。

我们要计算等式 (2.15) 和 (2.16) 的平方根（有可能是复数）和绝对值。Julia 函数中可能为复数的平方根是 `Complex(z)^0.5`，它的绝对值是 `abs(z)`。

```
In [1]: function muller(f::Function,pzero,pone,ptwo,eps,N)
            n=1
            p=0
            while n<=N
```

```
            c=f(ptwo)
            b1=(pzero-ptwo)*(f(pone)-f(ptwo))/((pone-ptwo)*
            (pzero-pone))
            b2=(pone-ptwo)*(f(pzero)-f(ptwo))/((pzero-ptwo)*
            (pzero-pone))
            b=b1-b2
            a1=(f(pzero)-f(ptwo))/((pzero-ptwo)*(pzero-pone))
            a2=(f(pone)-f(ptwo))/((pone-ptwo)*(pzero-pone))
            a=a1-a2
            d=(Complex(b^2-4*a*c))^0.5
            if abs(b-d)<abs(b+d)
                inc=2c/(b+d)
            else
                inc=2c/(b-d)
            end
            p=ptwo-inc
            if f(p)==0 || abs(p-ptwo)<eps
                return println("p is $p and the iteration
                number is $n")
            end
            pzero=pone
            pone=ptwo
            ptwo=p
            n=n+1
        end
        y=f(p)
        println("Method did not converge. The last iteration
        gives $p with function value $y")
    end

Out[1]: muller (generic function with 1 method)
```

72

多项式 x^5+2x^3-5x-2 有三个实根和两个共轭复根。让我们尝试用各种初始猜测来求出所有的根。

```
In [2]: muller(x->x^5+2x^3-5x-2,0.5,1.0,1.5,10^(-5.),10)

p is 1.3196411677283386 + 0.0im and the iteration number is 4


In [3]: muller(x->x^5+2x^3-5x-2,0.5,0,-0.1,10^(-5.),10)
```

```
p is -0.43641313299908585 + 0.0im and the iteration number is 5


In [4]: muller(x->x^5+2x^3-5x-2,0,-0.1,-1,10^(-5.),10)

p is -1.0 + 0.0im and the iteration number is 1


In [5]: muller(x->x^5+2x^3-5x-2,5,10,15,10^(-5.),20)

p is 0.05838598289491982 - 1.8626227582154478im and the iteration
number is 18
```

73

2.6 不动点迭代法

许多求根方法是根据所谓的不动点迭代，这是本节所要讨论的方法。

定义 37 如果一个数 p 使得 $g(p)=p$，则称此数 p 为函数 $g(x)$ 的不动点。

我们有两个互相联系的问题：

- **不动点问题**：求出 p 使得 $g(p)=p$。
- **求根问题**：求出 p 使得 $f(p)=0$。

我们可以把求根问题表达为不动点问题，反之亦然。例如，假设要解求根问题 $f(p)=0$。定义 $g(x)=x-f(x)$ 就可看到，若 p 是 $g(x)$ 的一个不动点，即 $g(p)=p-f(p)=p$，则 p 是 $f(x)$ 的一个根。这里的函数 g 不是唯一的：有很多方法把求根问题 $f(p)=0$ 表达为不动点问题，但就像后面我们将学到的，并非所有的这些函数对我们开发不动点迭代算法有用。

下面的定理回答了如下问题：什么时候一个函数 g 有不动点？如果有，这不动点是唯一的吗？

定理 38

1. 如果 g 是一个 $[a,b]$ 上的连续函数，且对所有的 $x\in[a,b]$ 都有 $g(x)\in[a,b]$，则 g 在 $[a,b]$ 上至少有一个不动点。
2. 此外，如果对所有的 $x,y\in[a,b]$ 都有 $|g(x)-g(y)|\leqslant\lambda|x-y|$，其中 $0<\lambda<1$，则不动点是唯一的。

证明　考虑 $f(x) = g(x) - x$。设 $g(a) \neq a$ 和 $g(b) \neq b$（否则证明已经结束）。若 $g(a)$ 不等于 a，就必定大于 a（因为 a 是左端点），于是 $f(a) = g(a) - a > 0$。类似地，$f(b) = g(b) - b < 0$。于是，从 IVT（介值定理）知，存在 $p \in (a,b)$ 使得 $f(p) = 0$，即 $g(p) = p$。为证明 2，假设有两个不同的不动点 p, q，则

$$|p - q| = |g(p) - g(q)| \leqslant \lambda |p - q| < |p - q|$$

这与假设矛盾。□

评注 39

设 g 是 $[a,b]$ 上的一个可导函数，使得对所有 $x \in (a,b)$ 与某个正常数 $k < 1$，有 $|g'(x)| \leqslant k$ 成立，则定理 38 的第 2 部分的假设对 $\lambda = k$ 成立。事实上，从中值定理，

74

$$|g(x) - g(y)| = |g'(\xi)(x - y)| \leqslant k|x - y|$$

对所有的 $x, y \in [a,b]$ 成立。

下面的定理描述了怎样求出不动点。

定理 40　如果 g 是 $[a,b]$ 上的一个连续函数，满足条件

1. 对所有的 $x \in [a,b]$，都有 $g(x) \in [a,b]$，
2. 对所有的 $x, y \in [a,b]$ 与 $0 < \lambda < 1$，都有 $|g(x) - g(y)| \leqslant \lambda |x - y|$，

则**不动点迭代**

$$p_n = g(p_{n-1}), n \geqslant 1$$

对任何初始点 $p_0 \in [a,b]$，都收敛到 g 在 $[a,b]$ 中的唯一不动点 p。

证明　因为 $p_0 \in [a,b]$，且对所有的 $x \in [a,b]$，都有 $g(x) \in [a,b]$，从而所有的迭代点 $p_n \in [a,b]$。注意到

$$|p - p_n| = |g(p) - g(p_{n-1})| \leqslant \lambda |p - p_{n-1}|$$

于是根据归纳法，$|p - p_n| \leqslant \lambda^n |p - p_0|$。因为 $0 < \lambda < 1$，所以当 $n \to \infty$ 时，$\lambda^n \to 0$，从而 $p_n \to p$。□

评注 41

用"对所有 $x \in [a,b]$ 与 $0 < k < 1$，$|g'(x)| \leqslant k$ 成立"来代替定理 40 的第 2 个条件"$|g(x)-g(y)| \leqslant \lambda|x-y|$"，则定理 40 仍然成立。（见评注 39。）

推论 42　如果 g 满足定理 40 的假设，则有以下的误差界：

1. $|p-p_n| \leqslant \dfrac{\lambda^n}{1-\lambda}|p_1-p_0|$
2. $|p-p_n| \leqslant \dfrac{1}{1-\lambda}|p_{n+1}-p_n|$
3. $|p-p_{n+1}| \leqslant \dfrac{\lambda}{1-\lambda}|p_{n+1}-p_n|$
4. $|p-p_n| \leqslant \lambda^n \max\{p_0-a, b-p_0\}$

不动点迭代的几何解释

在图 2.4 和图 2.5 中，取接近 p 的初始值 p_0，标记前几次的不动点迭代值 p_0, p_1, p_2，可观察到不动点迭代在图 2.4 中收敛，但在图 2.5 中发散。

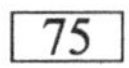

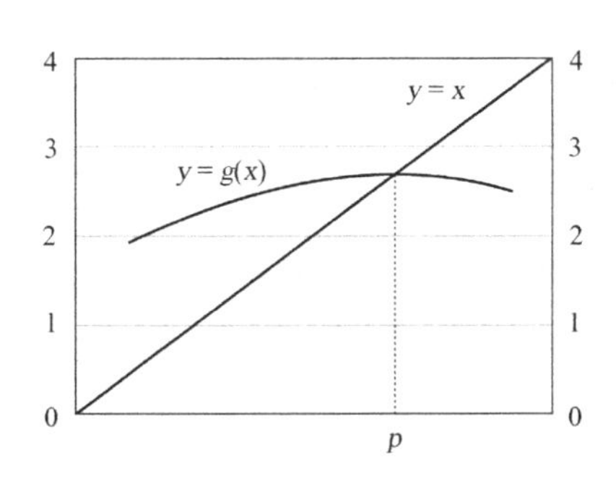

图 2.4　不动点迭代：$|g'(p)| < 1$

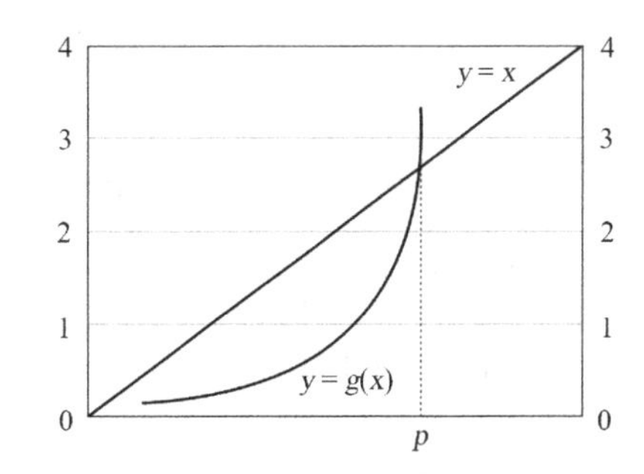

图 2.5　不动点迭代：$|g'(p)| > 1$

例 43　考虑在 $[1,3]$ 上的 $x^3-2x^2-1=0$ 的求根问题。

1. 把该问题写为不动点问题：对某个函数 g，$g(x)=x$，验证定理 40（或评注 41）的假设被满足，从而不动点迭代收敛。
2. 设 $p_0=1$，用推论 42 求出确保使 p 的近似值精确到 10^{-4} 以内所需的（迭代次数）n。

解

1. 有多种方法可以把这个问题写为 $g(x)=x$：

a) 设 $f(x)=x^3-2x^2-1$，p 是它的根，即 $f(p)=0$。如果我们让 $g(x)=x-f(x)$，则 $g(p)=p-f(p)=p$，从而 p 是 g 的不动点。但是，这种选择对 g 没有用处，因为 g 不满足定理 40 的第 1 个条件：对所有的 $x\in[1,3]$，都有 $g(x)\notin[1,3]$（$g(3)=-5\notin[1,3]$）。

76

b) 因为 p 是 f 的一个根，我们有 $p^3=2p^2+1$，或 $p=(2p^2+1)^{1/3}$，因此，p 是不动点问题 $g(x)=x$ 的解，其中 $g(x)=(2x^2+1)^{1/3}$。

- g 在 [1,3] 上递增，并有 $g(1)=1.44, g(3)=2.67$，从而对所有的 $x\in[1,3]$，都有 $g(x)\in[1,3]$，所以 g 满足定理 40 的第 1 个条件。
- $g'(x)=\dfrac{4x}{3(2x^2+1)^{2/3}}, g'(1)=0.64, g'(3)=0.56$。$g'$ 在 [1,3] 上递减，取 $\lambda=0.64$，则 g 满足评注 41 的条件。

于是，如果 $g(x)=(2x^2+1)^{1/3}$，由定理 40 和评注 41，不动点迭代收敛。

2. 在推论 42 中取 $\lambda=k=0.64$，并用误差界 (4)：

$$|p-p_n|\leqslant(0.64)^n\max\{1-1,3-1\}=2(0.64^n)$$

我们希望 $2(0.64^n)<10^{-4}$，这隐含着 $n\log 0.64<-4\log 10-\log 2$，或者 $n>\dfrac{-4\log 10-\log 2}{\log 0.64}\approx 22.19$，因此 $n=23$ 是确保绝对误差为 10^{-4} 所需的最小迭代次数。

不动点迭代的 Julia 代码

下面的代码从初始猜测 p_0 开始（在代码中为 *pzero*）计算 $p_1=g(p_0)$，并检查终止准则 $|p_1-p_0|<\varepsilon$ 是否被满足。如果被满足，则代码终止计算，得值 p_1；否则把 p_1 设置为 p_0，计算下一次迭代。

```
In [1]: function fixedpt(g::Function,pzero,eps,N)
            n=1
            while n<N
                pone=g(pzero)
                if abs(pone-pzero)<eps
                    return println("p is $pone and the iteration
                    number is $n")
```

```
            end
            pzero=pone
            n=n+1
        end
        println("Did not converge. The last estimate is
        p=$pzero.")
    end
```



```
Out[1]: fixedpt (generic function with 1 method)
```

让我们用 $p_0 = 1$ 来求 $g(x) = x$ 的不动点，其中 $g(x) = (2x^2+1)^{1/3}$。这个问题在例 43 中考虑过，在那里我们发现 23 次迭代保证估值的精确度在 10^{-4} 内。在上述代码中，我们设置 $\varepsilon = 10^{-4}$，$N = 30$。

```
In [2]: fixedpt(x->(2x^2+1)^(1/3.),1,10^-4.,30)

p is 2.205472095330031 and the iteration number is 19
```

这个不动点等价于 $x^3 - 2x^2 - 1$ 的根，其准确值是 2.205 569 43。从而准确的误差是：

```
In [3]: 2.205472095330031-2.20556943

Out[3]: -9.733466996930673e-5
```

重点总结和提醒的话：

- 准确的误差 $|p_n - p|$ 保证了从推论 42 得出的 23 次迭代后误差小于 10^{-4} 的结论。但在这个例子中我们看到这在 23 次迭代前就可能发生。
- 在代码中使用的终止准则是基于 $|p_n - p_{n-1}|$ 而不是 $|p_n - p|$，所以使得这些数小于一个容许误差 ε 的迭代次数与通常的并不一样。

定理 44　设 p 是 $g(x) = x$ 的解，$g(x)$ 在关于 p 的某个区间上连续可微，且有 $|g'(p)| < 1$。只要 p_0 充分接近 p，不动点就迭代收敛于 p。此外，若 $g'(p) \neq 0$，则收敛（速率）是线性的。

证明　因为 g' 连续且 $|g'(p)| < 1$，存在区间 $I = [p-\varepsilon, p+\varepsilon]$ 使得对某个 $k < 1$ 与所有 $x \in I$ 有 $|g'(x)| \leqslant k$，从而由评注 39 知道，对所有的 $x, y \in I$，$|g(x) - g(y)| \leqslant$

$k|x-y|$。下一步我们证明，如果 $x \in I$，则 $g(x) \in I$。实际上，如果 $|x-p| < \varepsilon$，则

$$|g(x)-p| = |g(x)-g(p)| \leqslant |g'(\xi)||x-p| < k\varepsilon < \varepsilon$$

因此 $g(x) \in I$。设置 $[a,b]$ 为 $[p-\varepsilon, p+\varepsilon]$，使用定理 40 就得出不动点迭代收敛的结论。

78

为了证明收敛是线性的，我们注意到 k 是小于 1 的正常数，且

$$|p_{n+1}-p| = |g(p_n)-g(p)| \leqslant |g'(\xi_n)||p_n-p| \leqslant k|p_n-p|$$

这正是线性收敛的定义。

实际上我们可以进一步证得：

$$\begin{aligned}
\lim_{n\to\infty} \frac{|p_{n+1}-p|}{|p_n-p|} &= \lim_{n\to\infty} \frac{|g(p_n)-g(p)|}{|p_n-p|} \\
&= \lim_{n\to\infty} \frac{|g'(\xi_n)||p_n-p|}{|p_n-p|} \\
&= \lim_{n\to\infty} |g'(\xi_n)| \\
&= |g'(p)|
\end{aligned}$$

最后一个等式成立是因为 g' 连续且 $\xi_n \to p$（这是 ξ_n 介于 p 和 p_n 之间及当 $n\to\infty$ 时 $p_n \to p$ 的结果）。 □

例 45　设 $g(x) = x + c(x^2-2)$，它有不动点 $p = \sqrt{2} \approx 1.4142$。选择 c 值以保证不动点迭代收敛。对于所选的 c 值，确定收敛区间 $I = [a,b]$，即其中任何 p_0 均可导致不动点迭代收敛的区间。然后写出 Julia 代码来测试结果。

解　定理 44 需要 $|g'(p)| < 1$。我们有 $g'(x) = 1 + 2xc$，从而 $g'(\sqrt{2}) = 1 + 2\sqrt{2}c$，因此

$$\begin{aligned}
|g'(\sqrt{2})| < 1 &\Rightarrow -1 < 1 + 2\sqrt{2}c < 1 \\
&\Rightarrow -2 < 2\sqrt{2}c < 0 \\
&\Rightarrow \frac{-1}{\sqrt{2}} < c < 0
\end{aligned}$$

区间里的任何 c 都起作用：让我们选 $c = -1/4$。

我们需要求出区间 $I=[\sqrt{2}-\varepsilon,\sqrt{2}+\varepsilon]$，它使得对某个 $k<1$ 与所有 $x\in I$，满足

$$|g'(x)|=|1+2xc|=\left|1-\frac{x}{2}\right|\leqslant k$$

画出 $g'(x)$ 的图，可以看出一种选择是 $\varepsilon=0.1$，从而 $I=[\sqrt{2}-0.1,\sqrt{2}+0.1]=[1.3142,1.5142]$。在区间 I 上，$g'(x)$ 是正的，而且递减，$|g'(x)|\leqslant 1-1.3142/2=0.3429<1$ 对任何 $x\in I$ 成立。从而，来自 I 的任何初始值 x_0 都使得迭代收敛。

当 $c=-1/4$ 时，函数成为 $g(x)=x-\dfrac{x^2-2}{4}$，选 $p_0=1.5$ 为初始点。用前一例的 Julia 代码，我们得到：

79

```
In [1]: function fixedpt(g::Function,pzero,eps,N)
            n=1
            while n<N
                pone=g(pzero)
                if abs(pone-pzero)<eps
                    return println("p is $pone and the iteration
                    number is $n")
                end
                pzero=pone
                n=n+1
            end
            println("Did not converge. The last estimate is
            p=$pzero.")
        end

Out[1]: fixedpt (generic function with 1 method)

In [2]: fixedpt(x->x-(x^2-2)/4,1.5,10^-5.,15)

p is 1.414214788550556 and the iteration number is 9
```

绝对误差是

```
In [3]: 1.414214788550556-(2^.5)

Out[3]: 1.2261774609001463e-6
```

让我们试用其他的初始值。虽然 $p_0=2$ 不在收敛区间 I 内，但我们期待它收敛，由于 $g'(2)=0$。

```
In [4]: fixedpt(x->x-(x^2-2)/4,2,10^-5.,15)
```

```
p is 1.414214788550556 and the iteration number is 10
```

让我们试用 $p_0=-5$。注意，这不仅不在收敛区间 I 内，而且 $g'(-5)=3.5>1$，从而我们并不期待它收敛。

```
In [5]: fixedpt(x->x-(x^2-2)/4,-5.,10^-5.,15)

Did not converge. The last estimate is p=-Inf.
```

让我们以这个例子从数值上来核实不动点迭代的线性收敛性（图 2.6）。我们写另一版本的不动点代码 `fixedpt2`，并对每一个 n 计算 $(p_n-\sqrt{2})/(p_{n-1}-\sqrt{2})$。该代码用了我们以前没有见过的函数：

- `global list` 定义变量 `list` 为全局变量，这允许我们在函数定义的外部得到 `list`，在那里画出它；
- `Float64[]` 创建了一个一维的浮点型空数组。
- `append!(list,x)` 把 x 添加到 list。

80

```
In [6]: using PyPlot

In [7]: function fixedpt2(g::Function,pzero,eps,N)
            n=1
            global list
            list=Float64[]
            error=1.
            while n<N && error>10^-5.
                pone=g(pzero)
                error=abs(pone-pzero)
                append!(list,(pone-2^0.5)/(pzero-2^0.5))
                pzero=pone
                n=n+1
            end
            return(list)
        end

Out[7]: fixedpt2 (generic function with 1 method)

In [8]: fixedpt2(x->x-(x^2-2)/4,1.5,10^-7.,15)
```

```
Out[8]: 9-element Array{Float64,1}:
         0.27144660940672544
         0.28707160940672327
         0.291222000031716
         0.2924065231373124
         0.2927509058227538
         0.292851556555365
         0.2928810179561428
         0.2928896454165901
         0.29289217219391755
```

```
In [9]: plot(list);
```


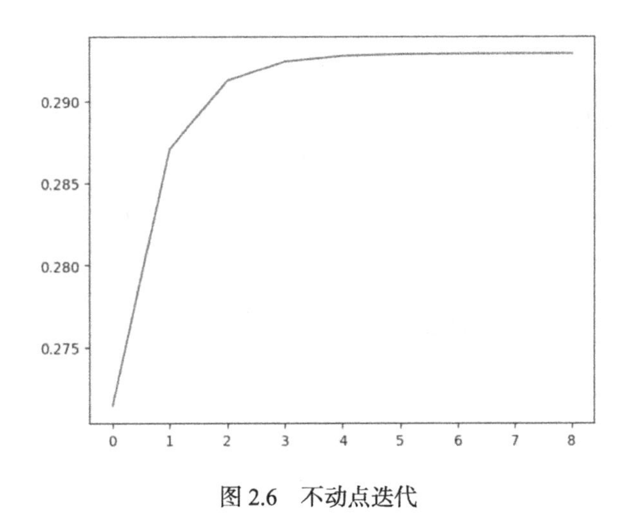

图 2.6 不动点迭代

上图显示，$(p_n-\sqrt{2})/(p_{n-1}-\sqrt{2})$ 的极限存在，大约为 0.295，支持线性收敛的结论。

2.7 高次不动点迭代法

在定理 44 的证明中，我们证得

$$\lim_{n\to\infty}\frac{|p_{n+1}-p|}{|p_n-p|}=|g'(p)|$$

这隐含着，如果 $g'(p)\neq 0$，则不动点迭代具有线性收敛性。

若这个极限是 0，我们有

$$\lim_{n\to\infty}\frac{|p_{n+1}-p|}{|p_n-p|}=0$$

这意味着分母比分子以更大的速率增长。我们可能会问，对某个 $\alpha>1$ 是否有

82

$$\lim_{n\to\infty}\frac{|p_{n+1}-p|}{|p_n-p|^\alpha}=\text{非零常数}$$

定理 46 设 p 是 $g(x)=x$ 的解，其中 $g\in C^\alpha(I)$，这里的 I 是某个包含 p 的区间，$\alpha\geqslant 2$。进一步假设

$$g'(p)=g''(p)=\cdots=g^{(\alpha-1)}(p)=0\text{ 和}g^{(\alpha)}(p)\neq 0$$

如果初始猜测 p_0 充分接近 p，则不动点迭代 $p_n=g(p_{n-1}),n\geqslant 1$ 将有 α 次收敛性，且

$$\lim_{n\to\infty}\frac{p_{n+1}-p}{(p_n-p)^\alpha}=\frac{g^{(\alpha)}(p)}{\alpha!}$$

证明 由泰勒定理，

$$\begin{aligned}p_{n+1}=g(p_n)=&g(p)+(p_n-p)g'(p)+\cdots\\&+\frac{(p_n-p)^{\alpha-1}}{(\alpha-1)!}g^{(\alpha-1)}(p)+\frac{(p_n-p)^\alpha}{\alpha!}g^{(\alpha)}(\xi_n)\end{aligned}$$

其中 ξ_n 是介于 p_n 与 p 之间的一个数，且所有数都在区间 I 中。由假设，上式简化为

$$p_{n+1}=p+\frac{(p_n-p)^\alpha}{\alpha!}g^{(\alpha)}(\xi_n)\Rightarrow\frac{p_{n+1}-p}{(p_n-p)^\alpha}=\frac{g^{(\alpha)}(\xi_n)}{\alpha!}$$

由定理 44 知道，如果 p_0 选得充分接近 p，则 $\lim_{n\to\infty}p_n=p$。收敛次数是 α，并有

$$\lim_{n\to\infty}\frac{|p_{n+1}-p|}{|p_n-p|^\alpha}=\lim_{n\to\infty}\frac{|g^{(\alpha)}(\xi_n)|}{\alpha!}=\frac{|g^{(\alpha)}(p)|}{\alpha!}\neq 0$$

□

应用于牛顿法

回顾一下，牛顿法迭代公式是

$$p_n = p_{n-1} - \frac{f(p_{n-1})}{f'(p_{n-1})}$$

令 $g(x) = x - \frac{f(x)}{f'(x)}$，则不动点迭代 $p_n = g(p_{n-1})$ 就是牛顿法。我们有

$$g'(x) = 1 - \frac{[f'(x)]^2 - f(x)f''(x)}{[f'(x)]^2} = \frac{f(x)f''(x)}{[f'(x)]^2}$$

因此，

$$g'(p) = \frac{f(p)f''(p)}{[f'(p)]^2} = 0$$

83

类似地，

$$g''(x) = \frac{(f'(x)f''(x) + f(x)f'''(x))(f'(x))^2 - f(x)f''(x)2f'(x)f''(x)}{[f'(x)]^4}$$

这隐含着

$$g''(p) = \frac{(f'(p)f''(p))(f'(p))^2}{[f'(p)]^4} = \frac{f''(p)}{f'(p)}$$

如果 $f''(p) \neq 0$，则定理 46 意味着牛顿法具有二次收敛性，且有

$$\lim_{n\to\infty} \frac{p_{n+1} - p}{(p_n - p)^2} = \frac{f''(p)}{2f'(p)}$$

这早在定理 32 就得到证明。

习题 2.7-1　用定理 38（和评注 39）证明 $g(x) = 3^{-x}$ 在 $[1/4, 1]$ 上有唯一的不动点。用推论 42 的 (4) 求出为获得 10^{-5} 精度所需的迭代次数。然后用 Julia 代码得到一个近似值，并与用推论 42 所得的理论估计值的误差相比较。

习题 2.7-2　设 $g(x) = 2x - cx^2$，其中 c 是一个正常数。求证：如果不动点迭代 $p_n = g(p_{n-1})$ 收敛到一个非 0 极限，则这个极限是 $1/c$。

84

第3章

First Semester in Numerical Analysis with Julia

插　　值

本章我们将研究下述问题：给定数据 $(x_i, y_i), i=0,1,\cdots,n$，找到一个函数 f 使得 $f(x_i)=y_i$。这个问题称为插值问题，f 称为所给数据的插值函数。

举例来说，当我们用数学软件来描画通过离散数据点的光滑曲线时，当我们想发现表格上的中间值时，或者当我们对黑盒类函数求导或积分时，都要用到插值。

怎样选择函数 f? 或者我们希望 f 是什么类型的函数? 这有很多选择。插值用的函数的例子有多项式、分段多项式、有理函数、三角函数和指数函数。在试图为我们的数据选择一个好的 f 时，一些需要考虑的问题是：我们是否希望 f 继承数据的性质（例如，如果数据是周期性的，我们需要用三角函数来作为 f 吗?），以及希望 f 在数据点之间如何变化。一般来说，f 应该容易计算，容易求积分和微分。

以下是插值问题的总体框架。给定数据和我们要从中选出插值函数 f 的函数族：

- 数据：$(x_i, y_i), i=0,1,\cdots,n$。
- 函数族: 多项式、三角函数等。

假设所选的函数族形成一个向量空间。选定这个向量空间的一个基（底）：$\phi_0(x),\phi_1(x),\cdots,\phi_n(x)$。则插值函数可以写为基向量（函数）的线性组合：

$$f(x)=\sum_{k=0}^{n} a_k\phi_k(x)$$

我们希望 f 通过数据点，即 $f(x_i)=y_i$。于是，确定 a_k 使得

$$f(x_i)=\sum_{k=0}^{n} a_k\phi_k(x_i)=y_i, i=0,1,\cdots,n$$

这是有 $n+1$ 个方程和 $n+1$ 个未知量的方程组。若用矩阵表示，这个问题是在矩阵方程

$$Aa=y$$

中解出 a，其中

$$A=\begin{bmatrix}\phi_0(x_0) & \cdots & \phi_n(x_0)\\ \phi_0(x_1) & \cdots & \phi_n(x_1)\\ \vdots & & \vdots\\ \phi_0(x_n) & \cdots & \phi_n(x_n)\end{bmatrix},a=\begin{bmatrix}a_0\\ a_1\\ \vdots\\ a_n\end{bmatrix},y=\begin{bmatrix}y_0\\ y_1\\ \vdots\\ y_n\end{bmatrix}$$

3.1　多项式插值

在多项式插值中，我们选定多项式为插值问题的函数族。

- 数据：$(x_i,y_i),i=0,1,\cdots,n$。
- 函数族：多项式。

n 次多项式空间是一个向量空间。我们将考虑这个向量空间的基底的三种选择：

- 基底：
  - 单项式基底：$\phi_k(x)=x^k$
  - 拉格朗日基底：$\phi_k(x)=\prod\limits_{j=0,j\neq k}^{n}\left(\dfrac{x-x_j}{x_k-x_j}\right)$
  - 牛顿基底：$\phi_k(x)=\prod\limits_{j=0}^{k-1}(x-x_j)$

  其中 $k=0,1,\cdots,n$。

一旦选定了基底，插值多项式就可以写为基函数的线性组合：

$$p_n(x)=\sum_{k=0}^{n}a_k\phi_k(x)$$

其中 $p_n(x_i)=y_i,i=0,1,\cdots,n$。

86

这里有一个重要的问题。我们怎么知道通过数据点的次数最高为 n 的多项式 p_n 确实存在？或者等价地，我们怎么知道方程组 $p_n(x_i)=y_i,i=0,1,\cdots,n$

有解？

答案在以下定理中给出，我们将在本节的后面给予证明。

定理 47 如果 $x_0,x_1,\cdots,x_n$ 是不同的点，则对于实数值 $y_0,y_1,\cdots,y_n$，有唯一的次数最高为 n 的多项式 p_n 使得 $p_n(x_i)=y_i,i=0,1,\cdots,n$。

我们提到过三个多项式的基函数族。对基函数族的选取会影响到：

- 解线性方程组 $Aa=y$ 所用数值方法的精度。
- 得到的多项式能够被计算、微分和积分等的便捷性。

多项式插值的单项形式

给定数据 $(x_i,y_i),i=0,1,\cdots,n$，我们从前面的定理知道，存在一个次数最高为 n 的多项式 $p_n(x)$ 通过这些数据点。为表达 $p_n(x)$，我们将使用单项式基函数 $1,x,x^2,\cdots,x^n$（见图 3.1），或更简洁地写为

$$\phi_k(x)=x^k,k=0,1,\cdots,n$$

插值多项式 $p_n(x)$ 可以写为这些基函数的线性组合：

$$p_n(x)=a_0+a_1x+a_2x^2+\cdots+a_nx^n$$

我们将用 $p_n(x)$ 是给定数据的插值多项式的事实来确定 a_i，$i=0,1,\cdots,n$，即我们希望解下面矩阵形式方程的解 $a=[a_0,\cdots,a_n]^{\mathrm{T}}$（其中 $[\cdot]^{\mathrm{T}}$ 表示向量的转置）：

$$\underbrace{\begin{bmatrix}1 & x_0 & x_0^2 & \cdots & x_0^n\\ 1 & x_1 & x_1^2 & \cdots & x_1^n\\ \vdots & \vdots & \vdots & & \vdots\\ 1 & x_n & x_n^2 & \cdots & x_n^n\end{bmatrix}}_{A}\underbrace{\begin{bmatrix}a_0\\ a_1\\ \vdots\\ a_n\end{bmatrix}}_{a}=\underbrace{\begin{bmatrix}y_0\\ y_1\\ \vdots\\ y_n\end{bmatrix}}_{y}$$

87

系数矩阵 A 称为范德蒙德矩阵。这通常是一个病态矩阵，意味着这种方程组会导致系数 a_i 出现较大的误差。理解病态的一个直观方法是画出数个作为基底的单项式，并注意当次数增加时它们多难分辨，这会使得矩阵的列几乎线性相关。

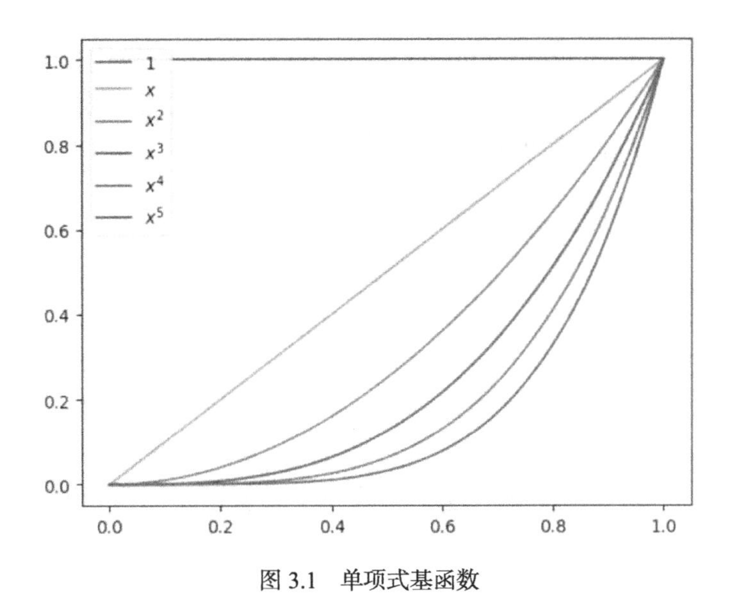

图 3.1　单项式基函数

解矩阵方程 $Aa=b$ 也可能是昂贵的。使用高斯消去法来解这个矩阵方程，对通常的矩阵 A 来说需要 $O(n^3)$ 次运算。这意味着运算次数上升到如同 Cn^3，其中 C 是一个正常数⊖。但单项式也有一些优点：使用霍纳法来估算这些多项式是高效的。霍纳法就是嵌套形式，在第 1 章的习题 1.3-4 和习题 1.3-5 中讨论过。微分和积分也相对有效。

拉格朗日多项式插值

范德蒙德矩阵的病态性以及解由单项式型多项式插值所得的矩阵方程的高度复杂性推动我们去探索其他多项式基函数。正如以前，我们从数据 $(x_i, y_i), i=0,1,\cdots,n$ 开始，并称最高次数为 n 的插值多项式为 $p_n(x)$。次数最高为 n 的拉格朗日基函数（也称为基多项式，cardinal polynomial）被定义为

88

$$l_k(x)=\prod_{j=0,j\neq k}^{n}\left(\frac{x-x_j}{x_k-x_j}\right), k=0,1,\cdots,n$$

我们把插值多项式 $p_n(x)$ 写为这些基函数的线性组合：

$$p_n(x)=a_0l_0(x)+a_1l_1(x)+\cdots+a_nl_n(x)$$

⊖　正式的大 O 符号的定义如下：当且仅当存在正常数 M 和正整数 n^*，使得对于所有的 $n\geqslant n^*$，$|f(n)|\leqslant Mg(n)$ 成立，我们写为 $f(n)=O(g(n))$。

并从下式来确定 $a_i, i=0,1,\cdots,n$：

$$p_n(x_i) = a_0 l_0(x_i) + a_1 l_1(x_i) + \cdots + a_n l_n(x_i) = y_i$$

或者以矩阵形式，求出

$$\underbrace{\begin{bmatrix} l_0(x_0) & l_1(x_0) & \cdots & l_n(x_0) \\ l_0(x_1) & l_1(x_1) & \cdots & l_n(x_1) \\ \vdots & \vdots & & \vdots \\ l_0(x_n) & l_1(x_n) & \cdots & l_n(x_n) \end{bmatrix}}_{A} \underbrace{\begin{bmatrix} a_0 \\ a_1 \\ \vdots \\ a_n \end{bmatrix}}_{a} = \underbrace{\begin{bmatrix} y_0 \\ y_1 \\ \vdots \\ y_n \end{bmatrix}}_{y}$$

的解 $[a_0, \cdots, a_n]^{\mathrm{T}}$。

解这个矩阵方程在数学上是简单的，理由如下。注意到 $l_k(x_k)=1$ 与对所有的 $i \neq k$，$l_k(x_i)=0$，从而系数矩阵 A 成为单位矩阵，然后

$$a_k = y_k,\ k=0,1,\cdots,n$$

插值多项式就成为

$$p_n(x) = y_0 l_0(x) + y_1 l_1(x) + \cdots + y_n l_n(x)$$

拉格朗日插值的主要优点是求插值多项式很简单，不需要解矩阵方程。但是，比起单项式，拉格朗日多项式计算微分和积分要昂贵得多。

例 48　用单项式和拉格朗日基函数求出关于数据 $(-1,-6),(1,0),(2,6)$ 的插值多项式。

89

- 单项式基函数：$p_2(x) = a_0 + a_1 x + a_2 x^2$

$$\underbrace{\begin{bmatrix} 1 & x_0 & x_0^2 \\ 1 & x_1 & x_1^2 \\ 1 & x_2 & x_2^2 \end{bmatrix}}_{A} \underbrace{\begin{bmatrix} a_0 \\ a_1 \\ a_2 \end{bmatrix}}_{a} = \underbrace{\begin{bmatrix} y_0 \\ y_1 \\ y_2 \end{bmatrix}}_{y} \Rightarrow \begin{bmatrix} 1 & -1 & 1 \\ 1 & 1 & 1 \\ 1 & 2 & 4 \end{bmatrix} \begin{bmatrix} a_0 \\ a_1 \\ a_2 \end{bmatrix} = \begin{bmatrix} -6 \\ 0 \\ 6 \end{bmatrix}$$

我们可以用高斯消去法来求解这个矩阵方程，或者求助于 Julia：

```
In [1]: A=[1 -1 1; 1 1 1; 1 2 4]

Out[1]: 3×3 Array{Int64,2}:
          1  -1  1
          1   1  1
          1   2  4

In [2]: y=[-6 0 6]'

Out[2]: 3×1 Array{Int64,2}:
          -6
           0
           6

In [3]: A\y

Out[3]: 3×1 Array{Float64,2}:
          -4.0
           3.0
           1.0
```

因为解是 $a=[-4,3,1]^{\mathrm{T}}$，所以我们得到

$$p_2(x)=-4+3x+x^2$$

- 拉格朗日基函数：$p_2(x)=y_0l_0(x)+y_1l_1(x)+y_2l_2(x)=-6l_0(x)+0l_1(x)+6l_2(x)$，其中

$$l_0(x)=\frac{(x-x_1)(x-x_2)}{(x_0-x_1)(x_0-x_2)}=\frac{(x-1)(x-2)}{(-1-1)(-1-2)}=\frac{(x-1)(x-2)}{6}$$
$$l_2(x)=\frac{(x-x_0)(x-x_1)}{(x_2-x_0)(x_2-x_1)}=\frac{(x+1)(x-1)}{(2+1)(2-1)}=\frac{(x+1)(x-1)}{3}$$

90

因此，

$$\begin{aligned}p_2(x)&=-6\frac{(x-1)(x-2)}{6}+6\frac{(x+1)(x-1)}{3}\\&=-(x-1)(x-2)+2(x+1)(x-1)\end{aligned}$$

展开和合并同类项，我们得到 $p_2(x)=-4+3x+x^2$，这是我们较早从单项式基函数得到的多项式。

习题 3.1-1　求证 $\sum_{k=0}^{n} l_k(x)=1$ 对所有的 x 成立，其中 l_k 是关于 $n+1$ 个数据点的拉格朗日基函数。（提示：首先对 $n=1$ 和任何两个数据点用代数方法证明这个恒等式。对于一般情况，考虑一个什么样的特殊函数的拉格朗日插值多项式正是 $\sum_{k=0}^{n} l_k(x)$。）

牛顿多项式插值

次数最高为 n 的牛顿基函数是

$$\pi_k(x)=\prod_{j=0}^{k-1}(x-x_j),\ \ k=0,1,\cdots,n$$

其中 $\pi_0(x)=\prod_{j=0}^{-1}(x-x_j)$ 理解为 1。写为牛顿基函数的线性组合的插值多项式 $p_n(x)$ 是

$$\begin{aligned}p_n(x)&=a_0\pi_0(x)+a_1\pi_1(x)+\cdots+a_n\pi_n(x)\\&=a_0+a_1(x-x_0)+a_2(x-x_0)(x-x_1)+\cdots+a_n(x-x_0)\cdots(x-x_{n-1})\end{aligned}$$

我们将从下式确定 $a_i, i=0,1,\cdots,n$：

$$p_n(x_i)=a_0+a_1(x_i-x_0)+\cdots+a_n(x_i-x_0)\cdots(x_i-x_{n-1})=y_i$$

91　或求出矩阵形式

$$\underbrace{\begin{bmatrix}1 & 0 & 0 & \cdots & 0\\ 1 & (x_1-x_0) & 0 & \cdots & 0\\ 1 & (x_2-x_0) & (x_2-x_0)(x_2-x_1) & \cdots & 0\\ \vdots & \vdots & \vdots & & \vdots\\ 1 & (x_n-x_0) & (x_n-x_0)(x_n-x_1) & \cdots & \prod_{i=0}^{n-1}(x_n-x_i)\end{bmatrix}}_{A}\underbrace{\begin{bmatrix}a_0\\ a_1\\ \vdots\\ a_n\end{bmatrix}}_{a}=\underbrace{\begin{bmatrix}y_0\\ y_1\\ \vdots\\ y_n\end{bmatrix}}_{y}$$

的解 $a=[a_0,\cdots,a_n]^{\mathrm{T}}$。注意系数矩阵 A 是下三角的，a 可以用向后代入法（或向后替换法）来求出，下面的例子显示这种方法需要 $O(n^2)$ 次运算。

例 49　用牛顿基函数求出关于数据 $(-1,-6),(1,0),(2,6)$ 的插值多项式。

解　我们有 $p_2(x)=a_0+a_1\pi_1(x)+a_2\pi_2(x)=a_0+a_1(x+1)+a_2(x+1)(x-1)$。从下式中求出 a_0,a_1,a_2：

$$p_2(-1)=-6\Rightarrow a_0+a_1(-1+1)+a_2(-1+1)(-1-1)=a_0=-6$$

$$p_2(1)=0\Rightarrow a_0+a_1(1+1)+a_2(1+1)(1-1)=a_0+2a_1=0$$

$$p_2(2)=6\Rightarrow a_0+a_1(2+1)+a_2(2+1)(2-1)=a_0+3a_1+3a_2=6$$

或求解矩阵形式

$$\begin{bmatrix}1&0&0\\1&2&0\\1&3&3\end{bmatrix}\begin{bmatrix}a_0\\a_1\\a_2\end{bmatrix}=\begin{bmatrix}-6\\0\\6\end{bmatrix}$$

向后代入法是：

$$a_0=-6$$

$$a_0+2a_1=0\Rightarrow-6+2a_1=0\Rightarrow a_1=3$$

$$a_0+3a_1+3a_2=6\Rightarrow-6+9+3a_2=6\Rightarrow a_2=1$$

因此，$a=[-6,3,1]^{\mathrm{T}}$，

$$p_2(x)=-6+3(x+1)+(x+1)(x-1)$$

提出公因子并简化，得到 $p_2(x)=-4+3x+x^2$，这是在例 48 中讨论过的多项式。

92

总结　关于数据 $(-1,-6),(1,0),(2,6)$ 的插值多项式 $p_2(x)$ 用三种不同的基函数表达为：

单项式型：$p_2(x)=-4+3x+x^2$

拉格朗日型：$p_2(x)=-(x-1)(x-2)+2(x+1)(x-1)$

牛顿型：$p_2(x)=-6+3(x+1)+(x+1)(x-1)$

与单项式型类似，写为牛顿型的多项式可以用霍纳法来计算值，它有 $O(n)$ 的复杂性：

$$\begin{aligned}p_n(x) =& a_0 + a_1(x-x_0) + a_2(x-x_0)(x-x_1) + \cdots \\ & + a_n(x-x_0)(x-x_1)\cdots(x-x_{n-1}) \\ =& a_0 + (x-x_0)(a_1 + (x-x_1)(a_2 + \cdots \\ & + (x-x_{n-2})(a_{n-1} + (x-x_{n-1})(a_n))\cdots))\end{aligned}$$

例 50　把 $p_2(x) = -6 + 3(x+1) + (x+1)(x-1)$ 写为嵌套形式。

解　$-6+3(x+1)+(x+1)(x-1) = -6+(x+1)(2+x)$。注意，左边有 2 次乘法，而右边只有 1 次乘法。

三种形式的插值多项式的复杂性　解对应的矩阵方程时，每种多项式基所需的乘法次数是：

- 单项式型：$\to O(n^3)$
- 拉格朗日型：$\to$ 微不足道
- 牛顿型：$\to O(n^2)$

可以用霍纳法高效计算单项式型与牛顿型的多项式的值。拉格朗日型的修改版本也可以用霍纳法来计算值，但我们不在这里讨论。

习题 3.1-2　手动算出关于数据 $(-1,0)$，$(0.5,1)$，$(1,0)$ 的三种插值多项式：分别使用单项式基函数、拉格朗日基函数和牛顿基函数。验证这三种多项式是完全相同的。

现在是时候讨论多项式插值的一些理论结果了。我们从证明前面叙述过的定理 47 开始。

93

定理　如果 $x_0, x_1, \cdots, x_n$ 是不同的点，则对于实数值 $y_0, y_1, \cdots, y_n$ 有唯一的次数最高为 n 的多项式 p_n 使得 $p_n(x_i) = y_i, i = 0, 1, \cdots, n$。

证明　我们已经确立了 p_n 的存在，但没有提及它！拉格朗日型插值多项式

直接构造了 p_n：

$$p_n(x)=\sum_{k=0}^{n}y_kl_k(x)=\sum_{k=0}^{n}y_k\prod_{j=0,j\neq k}^{n}\frac{x-x_j}{x_k-x_j}$$

让我们来证明唯一性。设 p_n 和 q_n 是两个满足定理结论的不同多项式。则 p_n-q_n 是次数最高为 n 的多项式，使得 $(p_n-q_n)(x_i)=0, i=0,1,\cdots,n$。这意味着次数最高为 n 的非零多项式 (p_n-q_n) 有 $n+1$ 个不同的根，这是矛盾的。

□

关于下面的定理，我们仅陈述而不证明。它确立了多项式插值的误差。注意它与泰勒定理（定理7）的相似之处。

定理 51　设 $x_0,x_1,\cdots,x_n$ 是在 $[a,b]$ 上的不同的数，$f\in C^{n+1}[a,b]$，则对每一个 $x\in[a,b]$，都有一个在 $x_0,x_1,\cdots,x_n$ 之间的数 ξ，使得

$$f(x)-p_n(x)=\frac{f^{(n+1)}(\xi)}{(n+1)!}(x-x_0)(x-x_1)\cdots(x-x_n)$$

下面的引理在节点 $x_0,x_1,\cdots,x_n$ **等距**时，有助于用定理 51 求出 $|f(x)-p_n(x)|$ 的上界。

引理 52　考虑 $[a,b]$ 的分划为 $x_0=a,x_1=a+h,\cdots,x_n=a+nh=b$。更简洁地，$x_i=a+ih, i=0,1,\cdots,n$，$h=\dfrac{b-a}{n}$。则对任何 $x\in[a,b]$，

$$\prod_{i=0}^{n}|x-x_i|\leqslant\frac{1}{4}h^{n+1}n!$$

证明　由于 $x\in[a,b]$，所以 x 落入 $[a,b]$ 的一个子区间中。设 $x\in[x_j,x_{j+1}]$。考虑乘积 $|x-x_j||x-x_{j+1}|$。令 $s=|x-x_j|$，$t=|x-x_{j+1}|$。在给定 $s+t=h$ 时，st 的最大值用微积分可以求出为 $h^2/4$，此值在 x 是中点时取得。因此 $s=t=h/2$。于是，　94

$$\begin{aligned}\prod_{i=0}^{n}|x-x_i|&=|x-x_0|\cdots|x-x_{j-1}||x-x_j||x-x_{j+1}||x-x_{j+2}|\cdots|x-x_n|\\&\leqslant|x-x_0|\cdots|x-x_{j-1}|\frac{h^2}{4}|x-x_{j+2}|\cdots|x-x_n|\end{aligned}$$

$$
\begin{aligned}
&\leqslant |x_{j+1}-x_0|\cdots|x_{j+1}-x_{j-1}|\frac{h^2}{4}|x_j-x_{j+2}|\cdots|x_j-x_n| \\
&\leqslant (j+1)h\cdots 2h\left(\frac{h^2}{4}\right)(2h)\cdots(n-j)h \\
&= h^j(j+1)!\frac{h^2}{4}(n-j)!h^{n-j-1} \\
&\leqslant h^{n+1}\frac{n!}{4}
\end{aligned}
$$

□

例 53　在区间 $[0,\pi/2]$ 上近似 $f(x)=\cos x$ 时，用插值多项式 $p_n(x)$ 求出绝对误差的上界。对这个插值多项式，使用 $[0,\pi/2]$ 上的 5 个 $(n=4)$ 等距节点，包括两端点。

解　由定理 51,

$$|f(x)-p_4(x)| = \frac{|f^{(5)}(\xi)|}{5!}|(x-x_0)\cdots(x-x_4)|$$

我们有 $|f^{(5)}(\xi)|\leqslant 1$。节点是等距的，且有 $h=(\pi/2-0)/4=\pi/8$。于是，由前面的引理，

$$|(x-x_0)\cdots(x-x_4)|\leqslant \frac{1}{4}\left(\frac{\pi}{8}\right)^5 4!$$

所以

$$|f(x)-p_4(x)|\leqslant \frac{1}{5!}\frac{1}{4}\left(\frac{\pi}{8}\right)^5 4! = 4.7\times 10^{-4}$$

习题 3.1-3　求出用区间 $[1,2]$ 上 6 个等距节点的 5 次插值多项式近似 $f(x)=\ln x$ 时的绝对误差的上界。

95

现在我们重新考虑牛顿型插值，并学习一种称为**均差**（divided difference）的替代方法来计算插值多项式的系数。这种方法比我们早先用过的向后代入法在数值上更稳定。让我们回顾一下插值问题。

- 数据：$(x_i,y_i), i=0,1,\cdots,n$。
- 牛顿型插值：

$$p_n(x)=a_0+a_1(x-x_0)+a_2(x-x_0)(x-x_1)+\cdots+a_n(x-x_0)\cdots(x-x_{n-1})$$

由 $p_n(x_i) = y_i, i = 0, 1, \cdots, n$ 来确定 a_i。

让我们考虑用数据的 y 坐标 y_i 作为计算未知函数 f 在 x_i 的值，即 $f(x_i) = y_i$。在插值公式中代入 $x = x_0$，得到

$$a_0 = f(x_0)$$

代入 $x = x_1$，得到 $a_0 + a_1(x_1 - x_0) = f(x_1)$，或

$$a_1 = \frac{f(x_1) - f(x_0)}{x_1 - x_0}$$

代入 $x = x_2$，经过一些代数运算，得到

$$a_2 = \frac{\dfrac{f(x_2) - f(x_0)}{x_2 - x_1} - \dfrac{f(x_1) - f(x_0)}{x_1 - x_0}\dfrac{x_2 - x_0}{x_2 - x_1}}{x_2 - x_0}$$

这可进一步改写为

$$a_2 = \frac{\dfrac{f(x_2) - f(x_1)}{x_2 - x_1} - \dfrac{f(x_1) - f(x_0)}{x_1 - x_0}}{x_2 - x_0}$$

检视关于 a_0，a_1，a_2 的公式启发了下面已经简化的称为**均差**的新符号：

$$\begin{aligned}
a_0 &= f(x_0) = f[x_0] \longrightarrow 0 \text{ 阶均差} \\
a_1 &= \frac{f(x_1) - f(x_0)}{x_1 - x_0} = f[x_0, x_1] \longrightarrow 1 \text{ 阶均差} \\
a_2 &= \frac{\dfrac{f(x_2) - f(x_1)}{x_2 - x_1} - \dfrac{f(x_1) - f(x_0)}{x_1 - x_0}}{x_2 - x_0} = \frac{f[x_1, x_2] - f[x_0, x_1]}{x_2 - x_0} \\
&= f[x_0, x_1, x_2] \longrightarrow 2 \text{ 阶均差}
\end{aligned}$$

一般而言，a_k 将由 k 阶均差

$$a_k = f[x_0, x_1, \cdots, x_k]$$

96

给出。用这个新符号，牛顿插值多项式可以写为

$$
\begin{aligned}
p_n(x) =& f[x_0] + \sum_{k=1}^{n} f[x_0, x_1, \cdots, x_k](x - x_0)\cdots(x - x_{k-1}) \\
=& f[x_0] + f[x_0, x_1](x - x_0) + f[x_0, x_1, x_2](x - x_0)(x - x_1) + \cdots \\
&+ f[x_0, x_1, \cdots, x_n](x - x_0)(x - x_1)\cdots(x - x_{n-1})
\end{aligned}
$$

下面是均差的正式定义：

定义 54 给定数据 $(x_i, f(x_i)), i = 0, 1, \cdots, n$，均差递归地定义为

$$
f[x_0] = f(x_0)
$$

$$
f[x_0, x_1, \cdots, x_k] = \frac{f[x_1, \cdots, x_k] - f[x_0, \cdots, x_{k-1}]}{x_k - x_0}
$$

其中 $k = 0, 1, \cdots, n$。

定理 55 数据的排序在构建均差时并不重要，即均差 $f[x_0, \cdots, x_k]$ 在数据 $x_0, \cdots, x_k$ 的所有排列下都是不变的。

证明 考虑数据 $(x_0, y_0), (x_1, y_1), \cdots, (x_k, y_k)$，设 $p_k(x)$ 是它的插值多项式：

$$
\begin{aligned}
p_k(x) =& f[x_0] + f[x_0, x_1](x - x_0) + f[x_0, x_1, x_2](x - x_0)(x - x_1) + \cdots \\
&+ f[x_0, \cdots, x_k](x - x_0)\cdots(x - x_{k-1})
\end{aligned}
$$

现在考虑 x_i 的一个排列，并标记它们为 $\tilde{x}_0, \tilde{x}_1, \cdots, \tilde{x}_k$。对于次序重排的数据，插值多项式并未改变，因为数据 $x_0, x_1, \cdots, x_k$（省略 y 坐标）与 $\tilde{x}_0, \tilde{x}_1, \cdots, \tilde{x}_k$ 是一样的，仅次序不同。因此

$$
\begin{aligned}
p_k(x) =& f[\tilde{x}_0] + f[\tilde{x}_0, \tilde{x}_1](x - \tilde{x}_0) + f[\tilde{x}_0, \tilde{x}_1, \tilde{x}_2](x - \tilde{x}_0)(x - \tilde{x}_1) + \cdots \\
&+ f[\tilde{x}_0, \cdots, \tilde{x}_k](x - \tilde{x}_0)\cdots(x - \tilde{x}_{k-1})
\end{aligned}
$$

多项式 $p_k(x)$ 的最高次项 x^k 的系数在第 1 个等式中是 $f[x_0, \cdots, x_k]$，而在第 2 个等式中是 $f[\tilde{x}_0, \cdots, \tilde{x}_k]$。所以这些系数彼此相等。 □

97

例 56 用牛顿法和均差求出关于数据 $(-1, -6), (1, 0), (2, 6)$ 的插值多项式。

解 我们希望计算

$$
p_2(x) = f[x_0] + f[x_0, x_1](x - x_0) + f[x_0, x_1, x_2](x - x_0)(x - x_1)
$$

下面是均差：

x	$f[x]$	1 阶均差	2 阶均差
$x_0=-1$	$f[x_0]=-6$		
		$f[x_0,x_1]=\dfrac{f[x_1]-f[x_0]}{x_1-x_0}=3$	
$x_1=1$	$f[x_1]=0$		$f[x_0,x_1,x_2]=\dfrac{f[x_1,x_2]-f[x_0,x_1]}{x_2-x_0}=1$
		$f[x_1,x_2]=\dfrac{f[x_2]-f[x_1]}{x_2-x_1}=6$	
$x_2=2$	$f[x_2]=6$		

所以

$$p_2(x)=-6+3(x+1)+1(x+1)(x-1)$$

这与我们在例 49 所得的多项式相同。

习题 3.1-4　考虑由下表给出的函数 f：

x	1	2	4	6
$f(x)$	2	3	5	9

a) 手工构建 f 的均差表，并用这些均差写出牛顿插值多项式。

b) 假设给该函数一个新的数据点：$x=3, y=4$，求出新的插值多项式。（提示：考虑如何更新在（a）中求出的插值多项式。）

c) 如果你使用拉格朗日插值多项式，而不是牛顿插值多项式，且像（b）一样给你一个新的数据点，（对比你在（b）所做的）你会很容易来更新你的插值多项式吗？

98

例 57　在计算机和数学软件广泛使用之前，一些常用的数学函数值是通过表格传给研究人员和工程师的。下面的表格取自文献 [1]，它列出了伽玛函数 $\Gamma(x)=\int_0^\infty t^{x-1}\mathrm{e}^{-t}\,\mathrm{d}t$ 的一些值：

x	1.750	1.755	1.760	1.765
$\Gamma(x)$	0.919 06	0.920 21	0.921 37	0.922 56

用插值多项式估算 $\Gamma(1.761)$。

解　用 5 位数舍入的均差是

i	x_i	$f[x_i]$	$f[x_i,x_{i+1}]$	$f[x_{i-1},x_i,x_{i+1}]$	$f[x_0,x_1,x_2,x_3]$
0	1.750	0.919 06			
			0.23		
1	1.755	0.920 21		0.2	
			0.232		26.667
2	1.760	0.921 37		0.6	
			0.238		
3	1.765	0.922 56			

以下是用次数递增的插值多项式得到的 $\Gamma(1.761)$ 的各种估值：

$$
\begin{aligned}
p_1(x) &= f[x_0]+f[x_0,x_1](x-x_0)\\
&\Rightarrow p_1(1.761)=0.919\,06+0.23(1.761-1.750)=0.921\,59\\
p_2(x) &= f[x_0]+f[x_0,x_1](x-x_0)+f[x_0,x_1,x_2](x-x_0)(x-x_1)\\
&\Rightarrow p_2(1.761)=0.921\,59+(0.2)(1.761-1.750)(1.761-1.755)=0.9216\\
p_3(x) &= p_2(x)+[x_0,x_1,x_2,x_3](x-x_0)(x-x_1)(x-x_2)\Rightarrow p_3(1.761)\\
&=0.9216+26.667(1.761-1.750)(1.761-1.755)(1.761-1.760)\\
&=0.9216
\end{aligned}
$$

下面我们改变数据的次序并再次计算。我们将按照 x 坐标的递减次序列出数据：

99

i	x_i	$f[x_i]$	$f[x_i,x_{i+1}]$	$f[x_{i-1},x_i,x_{i+1}]$	$f[x_0,x_1,x_2,x_3]$
0	1.765	0.922 56			
			0.238		
1	1.760	0.921 37		0.6	
			0.232		26.667
2	1.755	0.920 21		0.2	
			0.23		
3	1.750	0.919 06			

多项式的计算值为：

$$
\begin{aligned}
p_1(1.761)&=0.922\,56+0.238(1.761-1.765)=0.921\,61\\
p_2(1.761)&=0.921\,61+0.6(1.761-1.765)(1.761-1.760)=0.921\,61\\
p_3(1.761)&=0.921\,61+26.667(1.761-1.765)(1.761-1.760)(1.761-1.755)
\end{aligned}
$$

$$= 0.921\,61$$

结果总结： 下表列出了数据的每一种次序的结果和精确到 7 位数的 $\Gamma(1.761)$ 值。

次序	(1.75, 1.755, 1.76, 1.765)	(1.765, 1.76, 1.755, 1.75)
$p_1(1.761)$	0.921 59	0.921 61
$p_2(1.761)$	0.921 60	0.921 61
$p_3(1.761)$	0.921 60	0.921 61
$\Gamma(1.761)$	0.921 610 3	0.921 610 3

习题 3.1-5　回答下列问题：

a) 定理 55 称数据的排序对均差无关紧要。但我们在上述两表中看到了差别。这是不是矛盾？

b) $p_1(1.761)$ 在（数据的）第 2 个排序中是对 $\Gamma(1.761)$ 的一个更好的近似。这是预期的吗？

c) $p_3(1.761)$ 在两种排序中不同，但这归因于舍入误差。也就是说，如果这些计算可以精确地进行，那么 $p_3(1.761)$ 在每种数据的排序中会是相同的。为什么？

100

习题 3.1-6　考虑函数 $f(x)$ 使得 $f(2) = 1.5713$，$f(3) = 1.5719, f(5) = 1.5738$ 和 $f(6) = 1.5751$。用二次插值多项式（对前 3 个数据点插值）和三次插值多项式（对前 4 个数据点插值）估算 $f(4)$。将最终结果四舍五入到小数点后四位。用三次插值多项式有什么好处吗？

牛顿插值的 Julia 代码

考虑下面的均差表。

表中有 $2+1=3$ 个均差，没有计算 0 阶均差。一般来说，要计算的均差个数为 $1+\cdots+n = n(n+1)/2$。但在构作牛顿型的插值多项式时，我们只需要 n 个均差，而 0 阶均差就是 y_0。重要的发现是，尽管所有牛顿插值所需要的均差必须依次计算，但并非所有的均差都必须存储。下面的 Julia 代码是基于一种高效的算法，它递归地计算均差，并在任何给定的时间存入一个大小为 $m = n+1$ 的数组。迭代到最后，这个数组就存有牛顿法所需的均差。

表 3.1　三个数据点的均差

x	$f(x)$	$f[x_i,x_{i+1}]$	$f[x_{i-1},x_i,x_{i+1}]$
x_0	y_0		
		$\frac{y_1-y_0}{x_1-x_0}=f[x_0,x_1]$	
x_1	y_1		$\frac{f[x_1,x_2]-f[x_0,x_1]}{x_2-x_0}=f[x_0,x_1,x_2]$
		$\frac{y_2-y_1}{x_2-x_1}=f[x_1,x_2]$	
x_2	y_2		

让我们用表 3.1 的简单例子解释这个算法的思路。代码创建了一个大小为 $m=n+1$ 的数组 $a=(a_0,a_1,a_2)$，在我们这个例子中，$m=3$。而且代码设置

$$a_0=y_0，\ a_1=y_1，\ a_2=y_2$$

（实际上，代码把分量从 1 而不是从 0 开始编号。我们在此保留上面的记号，从而用我们熟悉的均差公式来讨论。）

101

在第 1 次迭代（对于循环来说，$j=2$）中更新 a_1 和 a_2：

$$a_1:=\frac{a_1-a_0}{x_1-x_0}=\frac{y_1-y_0}{x_1-x_0}=f[x_0,x_1]$$

$$a_2:=\frac{a_2-a_1}{x_2-x_1}=\frac{y_2-y_1}{x_2-x_1}$$

在最后一次迭代（$j=3$）中只更新 a_2：

$$a_2:=\frac{a_2-a_1}{x_2-x_0}=\frac{\frac{y_2-y_1}{x_2-x_1}-\frac{y_1-y_0}{x_1-x_0}}{x_2-x_0}=f[x_0,x_1,x_2]$$

最后的数组 a 是

$$a=(y_0,f[x_0,x_1],f[x_0,x_1,x_2])$$

包括了构建牛顿多项式所需的均差。

下面是计算均差的 Julia 函数 `diff`，代码用了我们以前没有用过的函数 `reverse(collect(j:m))`。一个例子说明了它最擅长做什么。

```
In [1]: reverse(collect(2:5))

Out[1]: 4-element Array{Int64,1}:
```

```
5
4
3
2
```

在代码 diff 中，输入是数据的 x 和 y 坐标。下标的编号从 1 而不是从 0 开始。

```
In [2]: function diff(x::Array,y::Array)
            m=length(x) #here m is the number of data points.
            #the degree of the polynomial is m-1
            a=Array{Float64}(undef,m)
            for i in 1:m
                a[i]=y[i]
            end
            for j in 2:m
                for i in reverse(collect(j:m))
                    a[i]=(a[i]-a[i-1])/(x[i]-x[i-(j-1)])
                end
            end
            return(a)
        end

Out[2]: diff (generic function with 1 method)
```

102

我们来计算例 56 的均差：

```
In [3]: diff([-1, 1, 2],[-6,0,6])

Out[3]: 3-element Array{Float64,1}:
         -6.0
          3.0
          1.0
```

下面是例 57 的数据按第 2 种排序的均差：

```
In [4]: diff([1.765,1.760,1.755,1.750],
[0.92256,0.92137,0.92021,0.91906])

Out[4]: 4-element Array{Float64,1}:
          0.92256
          0.2380000000000995
          0.6000000000005329
         26.66666666668349
```

现在我们来写一个牛顿插值多项式的代码。函数 newton 的输入是数据的 x 和 y 坐标和我们想估值的多项式 z。代码通过使用早先讨论过的均差函数 diff 来计算：

$$f[x_0]+f[x_0,x_1](z-x_0)+\cdots+f[x_0,x_1,\cdots,x_n](z-x_0)(z-x_1)\cdots(z-x_{n-1})$$

```
In [5]: function newton(x::Array,y::Array,z)
            m=length(x) #here m is the number of data points,
            # not the degree of the polynomial
            a=diff(x,y)
            sum=a[1]
            pr=1.0
            for j in 1:(m-1)
                pr=pr*(z-x[j])
                sum=sum+a[j+1]*pr
            end
            return sum
        end

Out[5]: newton (generic function with 1 method)
```

103

让我们用计算例 57 中的 $p_3(1.761)$ 来验证代码：

```
In [6]: newton([1.765,1.760,
1.755,1.750],[0.92256,0.92137,0.92021,0.91906],1.761)

Out[6]: 0.92160496
```

习题 3.1-7 这个问题讨论逆插值法（或反插值法，inverse interpolation），它给出了函数求根的另一种方法。设 f 是 $[a,b]$ 上的连续函数，在该区间上有一个根 p，同时设 f 有一个逆。设 $x_0,x_1,\cdots,x_n$ 是 $[a,b]$ 上的 $n+1$ 个不同的数，且 $f(x_i)=y_i,i=0,1,\cdots,n$。通过将数据点取作 $(y_i,x_i),i=0,1,\cdots,n$ 来构建一个关于 $f^{-1}(x)$ 的插值多项式 p_n。注意到 $f^{-1}(0)=p$，p 是我们要找的根。于是，估算插值多项式在 0 处的 f^{-1} 的值，即 $p_n(0)\approx p$。使用这个方法和下面的数据来求出 $\log x=0$ 的近似解。

x	0.4	0.8	1.2	1.6
$\log x$	−0.92	−0.22	0.18	0.47

3.2 高次多项式插值

假设我们用从 $n+1$ 个数据点得到的插值多项式 $p_n(x)$ 来近似 $f(x)$，然后我们增加数据点的个数，并相应地更新 $p_n(x)$。我们要讨论的核心问题如下：当节点（数据点）个数增加时，是不是 $p_n(x)$ 会在 $[a,b]$ 上更好地近似 $f(x)$? 我们将用著名的例子——龙格函数 $f(x)=\dfrac{1}{1+x^2}$ 在数值上研究这个问题。

104

我们将用各种次数的多项式来插值龙格函数，并把这个函数和它的插值多项式以及数据点一起画出来。我们想知道，当数据点增加，从而插值多项式的次数增加时会发生什么。

我们开始取 -5 和 5 之间的四个等距 x 坐标，并画出对应的插值多项式和龙格函数。同时安装一个称为 `LatexStrings` 的程序包，它允许用 Latex 在图中加入数学说明。（Latex 是本书的排版程序。）为安装该程序包，在执行 `using LaTeXStrings` 之前于 Julia 终端输入 `add LaTeXStrings`。

```
In [7]: using PyPlot
```

```
In [8]: using LaTeXStrings
```

```
In [9]: f(x)=1/(1+x^2)
        xi=collect(-5:10/3:5) # x-coordinates of the data, equally
        # spaced from -5 to 5 in increments of 10/3
        yi=map(f,xi) # the corresponding y-coordinates
        xaxis=-5:1/100:5
        runge=map(f,xaxis) # Runge's function values
        interp=map(z->newton(xi,yi,z),xaxis) # Interpolating poly for
        # the data
        plot(xaxis,interp,label="interpolating poly")
        plot(xaxis,runge,label=L"f(x)=1/(1+x^2)")
        scatter(xi, yi, label="data")
        legend(loc="upper right");
```

下面我们把数据点的个数增加到 6。

```
In [10]: xi=collect(-5:10/5:5) # 6 equally spaced values from -5 to 5
         yi=map(f,xi)
         interp=map(z->newton(xi,yi,z),xaxis)
         plot(xaxis,interp,label="interpolating poly")
         plot(xaxis,runge,label=L"f(x)=1/(1+x^2)")
         scatter(xi, yi, label="data")
         legend(loc="upper right");
```

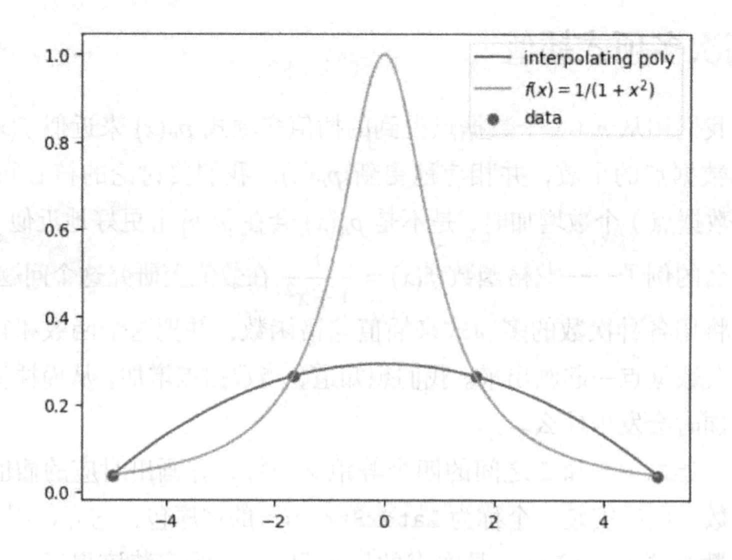

105

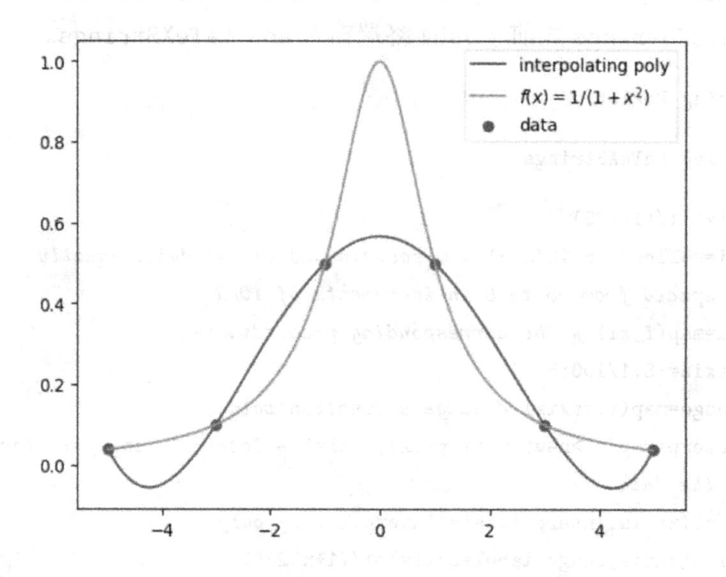

下面两张图分别画出了 11 个与 21 个等距数据的插值多项式。

```
In [11]: xi=collect(-5:10/10:5) # 11 equally spaced values from -5 to 5
         yi=map(f,xi)
         interp=map(z->newton(xi,yi,z),xaxis)
         plot(xaxis,interp,label="interpolating poly")
         plot(xaxis,runge,label=L"f(x)=1/(1+x^2)")
         scatter(xi, yi, label="data")
         legend(loc="upper center");
```

106

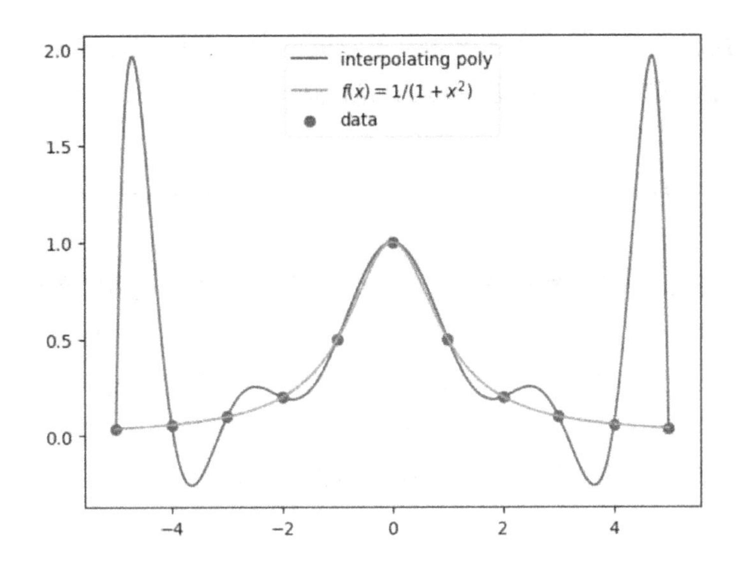


```
In [12]: xi=collect(-5:10/20:5) # 21 equally spaced values from -5 to 5
         yi=map(f,xi)
         interp=map(z->newton(xi,yi,z),xaxis)
         plot(xaxis,interp,label="interpolating poly")
         plot(xaxis,runge,label=L"f(x)=1/(1+x^2)")
         scatter(xi, yi, label="data")
         legend(loc="lower center");
```

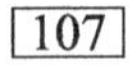

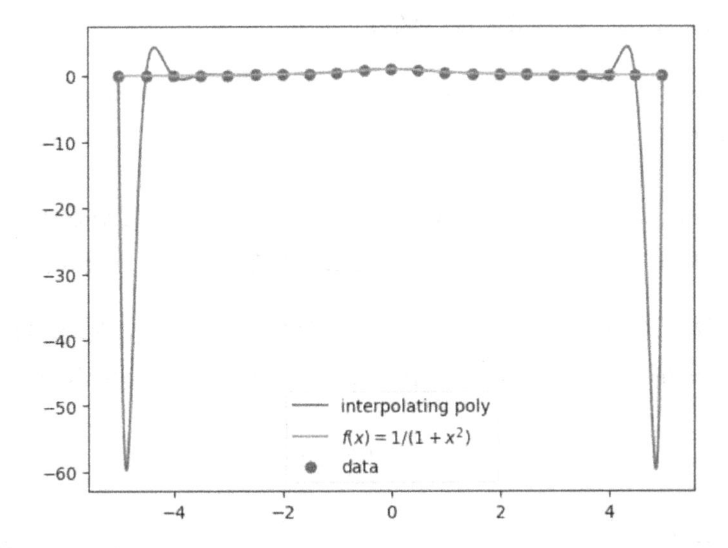

我们观察到，当插值多项式的次数增加时，多项式朝区间的端点方向呈现大的振荡。实际上，可以证明，当 x 满足 $3.64 < |x| < 5$，且 f 为龙格函数时，$\sup_{n\geqslant 0}|f(x)-p_n(x)|=\infty$。

要是我们考虑用不等距的 x 坐标的数据，会显著地改善这个高次插值多项式的令人烦恼的性态。考虑定理 51 的插值误差：

$$f(x)-p_n(x)=\frac{f^{(n+1)}(\xi)}{(n+1)!}(x-x_0)(x-x_1)\cdots(x-x_n)$$

也许令人惊讶，上式右端在节点 x_i 等距时不是最小化！使得插值误差最小化的节点集是所谓切比雪夫多项式的根。这些节点的位置是这样的：朝向区间端点的节点多于中间的节点。我们将在第 5 章学习切比雪夫多项式。在多项式插值中使用切比雪夫节点可以避免当次数增加时对充分光滑的函数（如所观察到的龙格函数的情况）的插值多项式的发散性态。

均差和导数

108

下述定理显示了均差和导数之间的相似性。

定理 58　设 $f\in C^n[a,b], x_0,x_1,\cdots,x_n$ 是 $[a,b]$ 上的不同的数。则存在 $\xi\in(a,b)$ 使得

$$f[x_0,\cdots,x_n]=\frac{f^{(n)}(\xi)}{n!}$$

为证明该定理，我们需要推广的罗尔定理。

定理 59（罗尔定理）　设 f 是 (a,b) 上的可微函数。如果 $f(a)=f(b)$，则存在 $c\in(a,b)$ 使得 $f'(c)=0$。

定理 60（推广的罗尔定理）　设 f 在 (a,b) 上有 n 阶导数。如果 $f(x)=0$ 对于 $(n+1)$ 个不同的数 $x_0,x_1,\cdots,x_n\in[a,b]$ 成立，则存在 $c\in(a,b)$ 使得 $f^{(n)}(c)=0$。

定理 58 的证明　考虑函数 $g(x)=p_n(x)-f(x)$。注意到 $g(x_i)=0$, $i=0,1,\cdots,n$，由推广的罗尔定理，存在 $\xi\in(a,b)$ 使得 $g^{(n)}(\xi)=0$，这隐含着

$$p_n^{(n)}(\xi)-f^{(n)}(\xi)=0$$

因为 $p_n(x)=f[x_0]+f[x_0,x_1](x-x_0)+\cdots+f[x_0,\cdots,x_n](x-x_0)\cdots(x-x_{n-1})$，从而 $p_n^{(n)}(x)$ 等于 $n!$ 乘以首项系数 $f[x_0,\cdots,x_n]$。所以 $f^{(n)}(\xi)=n!f[x_0,\cdots,x_n]$。□

3.3　埃尔米特插值

在多项式插值中，初始点是我们想要插值的数据的 x 和 y 坐标。假设除此以外，我们还知道这个潜在函数在这些 x 坐标的导数，则我们新的数据集具有下述形式。

数据：

$$x_0, x_1, \cdots, x_n$$

$$y_0, y_1, \cdots, y_n;\ y_i = f(x_i)$$

$$y_0', y_1', \cdots, y_n';\ y_i' = f'(x_i)$$

109

我们寻找一个多项式来拟合这些 y 和 y' 的值，即找到多项式 $H(x)$ 使得 $H(x_i) = y_i$ 和 $H'(x_i) = y_i'$，$i = 0, 1, \cdots, n$。这就得到了 $2n+2$ 个方程，并且如果设

$$H(x) = a_0 + a_1 x + \cdots + a_{2n+1} x^{2n+1}$$

则就有 $2n+2$ 个未知量 $a_0, \cdots, a_{2n+1}$ 需要解出。下面的定理显示了这个方程组有唯一的解。定理的证明可以在文献 [4] 中找到。

定理 61　如果 $f \in C^1[a,b]$，$x_0, \cdots, x_n \in [a,b]$ 是不同的点，则有最高次数为 $2n+1$ 的唯一多项式 $H_{2n+1}(x)$，它在 $x_0, \cdots, x_n$ 上（的函数值和导数值）与 f 和 f' 一致。该多项式可写为：

$$H_{2n+1}(x) = \sum_{i=0}^{n} y_i h_i(x) + \sum_{i=0}^{n} y_i' \widetilde{h}_i(x)$$

其中

$$h_i(x) = \left(1 - 2(x - x_i) l_i'(x_i)\right) (l_i(x))^2$$

$$\widetilde{h}_i(x) = (x - x_i)(l_i(x))^2$$

此处 $l_i(x)$ 是相应于节点 $x_0, \cdots, x_n$ 的第 i 个拉格朗日基函数，而 $l_i'(x)$ 是它的导函数。$H_{2n+1}(x)$ 称为埃尔米特插值多项式。

埃尔米特插值与多项式插值之间的唯一不同是，对于前者我们有导数的信息，这对获得潜在函数的形状大有帮助。

例 62　我们想对下列数据插值：

$$x\text{ 坐标}: -1.5, 1.6, 4.7$$

$$y\text{ 坐标}: 0.071, -0.029, -0.012$$

数据来自潜在函数 $\cos x$，但我们佯装不知。图 3.2 画出了潜在函数、数据和对这些数据的插值多项式。很明显，插值多项式不能给出对潜在函数 $\cos x$ 的很好近似。

110

现在假设我们知道潜在函数在这些节点上的导数：

$$x\text{ 坐标}: -1.5, 1.6, 4.7$$

$$y\text{ 坐标}: 0.071, -0.029, -0.012$$

$$y'\text{ 值}: 1, -1, 1$$

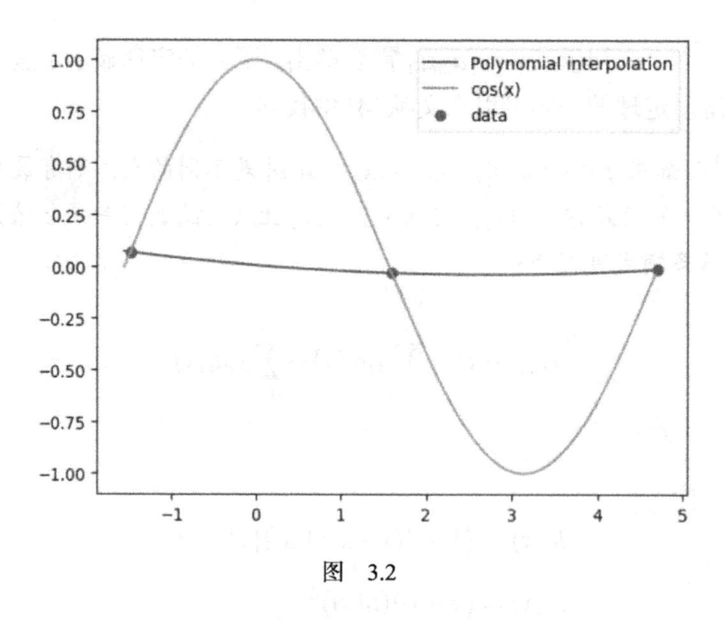

图　3.2

然后我们结合这些导数信息构作埃尔米特插值多项式。图 3.3 画出了这个埃尔米特插值多项式、多项式插值以及潜在函数。

在图 3.3 中，视觉上很难把埃尔米特插值与潜在函数 $\cos x$ 分开。从多项式插值转到埃尔米特插值导致在近似潜在函数方面颇为引人注目的改进。

111

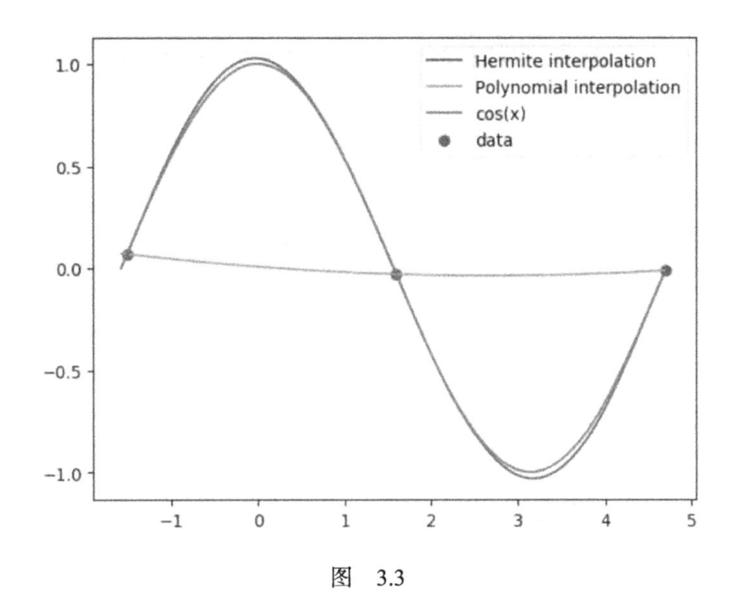

图　3.3

计算埃尔米特多项式

我们并不用定理 61 计算埃尔米特多项式，有更有效的应用均差来计算的方法。

我们从数据开始：

$$x_0, x_1, \cdots, x_n$$

$$y_0, y_1, \cdots, y_n; y_i = f(x_i)$$

$$y'_0, y'_1, \cdots, y'_n; y'_i = f'(x_i)$$

然后通过以下方式定义数列 $z_0, z_1, \cdots, z_{2n+1}$：

$$z_0 = x_0, z_2 = x_1, z_4 = x_2, \cdots, z_{2n} = x_n$$

$$z_1 = x_0, z_3 = x_1, z_5 = x_2, \cdots, z_{2n+1} = x_n$$

即 $z_{2i} = z_{2i+1} = x_i, i = 0, 1, \cdots, n$。　112

则此埃尔米特多项式可以写为：

$$H_{2n+1}(x) = f[z_0] + f[z_0, z_1](x - z_0) + f[z_0, z_1, z_2](x - z_0)(x - z_1)$$

$$+\cdots+f[z_0,z_1,\cdots,z_{2n+1}](x-z_0)\cdots(x-z_{2n})$$
$$=f[z_0]+\sum_{i=1}^{2n+1}f[z_0,\cdots,z_i](x-z_0)(x-z_1)\cdots(x-z_{i-1})$$

上式中的某些一阶均差有一点小问题：它们没有定义！注意

$$f[z_0,z_1]=f[x_0,x_0]=\frac{f(x_0)-f(x_0)}{x_0-x_0}$$

或一般地，对 $i=0,\cdots,n$，

$$f[z_{2i},z_{2i+1}]=f[x_i,x_i]=\frac{f(x_i)-f(x_i)}{x_i-x_i}$$

从定理 58 知道，对在 $x_0,\cdots,x_n$ 的最小值和最大值中间的某个值 ξ，$f[x_0,\cdots,x_n]=\frac{f^{(n)}(\xi)}{n!}$ 成立。从 Hermite（埃尔米特）和 Gennochi 的一个经典结果知（见文献 [3]，第 144 页），均差是它们的变量 $x_0,\cdots,x_n$ 的连续函数。这意味着我们可以对所有 i 和上述结果取 $x_i\to x_0$ 时的极限，导致

$$f[x_0,\cdots,x_0]=\frac{f^{(n)}(x_0)}{n!}$$

所以在埃尔米特多项式的系数计算中，我们可以对 $i=0,1,\cdots,n$ 把这些均差表达为

$$f[z_{2i},z_{2i+1}]=f[x_i,x_i]=f'(x_i)=y_i'$$

例 63 我们来计算例 62 的埃尔米特多项式。数据是：

i	x_i	y_i	y_i'
0	−1.5	0.071	1
1	1.6	−0.029	−1
2	4.7	−0.012	1

这里 $n=2$，$2n+1=5$，所以

$$H_5(x)=f[z_0]+\sum_{i=1}^{5}f[z_0,\cdots,z_i](x-z_0)\cdots(x-z_{i-1})$$

113 均差为：

z	$f(z)$	1 阶均差	2 阶均差	3 阶均差	4 阶均差	5 阶均差
$z_0=-1.5$	0.071					
		$f'(z_0)=1$				
$z_1=-1.5$	0.071		$\frac{-0.032-1}{1.6+1.5}=-0.33$			
		$f[z_1,z_2]=-0.032$		0.0065		
$z_2=1.6$	-0.029		$\frac{-1+0.032}{1.6+1.5}=-0.31$		0.015	
		$f'(z_2)=-1$		0.10		-0.005
$z_3=1.6$	-0.029		$\frac{0.0055+1}{4.7-1.6}=0.32$		-0.016	
		$f[z_3,z_4]=0.0055$		0		
$z_4=4.7$	-0.012		$\frac{1-0.0055}{4.7-1.6}=0.32$			
		$f'(z_4)=1$				
$z_5=4.7$	-0.012					

因此，埃尔米特多项式是

$$H_5(x)=0.071+1(x+1.5)-0.33(x+1.5)^2+0.0065(x+1.5)^2(x-1.6)+$$
$$+0.015(x+1.5)^2(x-1.6)^2-0.005(x+1.5)^2(x-1.6)^2(x-4.7)$$

计算埃尔米特插值多项式的 Julia 代码

下面的函数 hdiff 计算埃尔米特插值所需的均差。它基于计算牛顿插值所需的均差的函数 diff。输入到函数hdiff 的（数据）是 x 坐标、y 坐标和导数 yprime。

```
In [1]: using PyPlot
```

```
In [2]: function hdiff(x::Array,y::Array,yprime::Array)
            m=length(x) # here m is the number of data points.
            # Note n=m-1 and 2n+1=2m-1
            l=2m
            z=Array{Float64}(undef,l)
            a=Array{Float64}(undef,l)
            for i in 1:m
                z[2i-1]=x[i]
                z[2i]=x[i]
            end
            for i in 1:m
                a[2i-1]=y[i]
                a[2i]=y[i]
            end
```

114

```
        for i in reverse(collect(2:m)) # computes the first divided
            #differences using derivatives
            a[2i]=yprime[i]
            a[2i-1]=(a[2i-1]-a[2i-2])/(z[2i-1]-z[2i-2])
        end
        a[2]=yprime[1]
        for j in 3:l #computes the rest of the divided differences
            for i in reverse(collect(j:l))
                a[i]=(a[i]-a[i-1])/(z[i]-z[i-(j-1)])
            end
        end
        return(a)
    end

Out[2]: hdiff (generic function with 1 method)
```

我们来计算例 62 的均差。

```
In [3]: hdiff([-1.5, 1.6, 4.7],[0.071,-0.029,-0.012],
            [1,-1,1])

Out[3]: 6-element Array{Float64,1}:
          0.071
          1.0
         -0.33298647242455776
          0.006713436944043511
          0.015476096374635765
         -0.005196626333767283
```

注意，在手动计算例 63 时，用两位数的舍入，我们得到 0.0065 作为第1个 3 阶均差。而在上面 Julia 的输出中，这个均差是 0.0067。

下面的函数用从 hdiff 得到的均差计算埃尔米特插值多项式，然后求多项式在 w 的值。

115

```
In [4]: function hermite(x::Array,y::Array,yprime::Array,w)
            m=length(x) # here m is the number of data points, not the
            #degree of the polynomial
            a=hdiff(x,y,yprime)
            z=Array{Float64}(undef,2m)
            for i in 1:m
                z[2i-1]=x[i]
```

```
            z[2i]=x[i]
        end
        sum=a[1]
        pr=1.0
        for j in 1:(2m-1)
            pr=pr*(w-z[j])
            sum=sum+a[j+1]*pr
        end
        return sum
    end
```

```
Out[4]: hermite (generic function with 1 method)
```

让我们重绘例 62 的埃尔米特插值多项式的图。

```
In [5]: xaxis=-pi/2:1/20:3*pi/2
        x=[-1.5, 1.6, 4.7]
        y=[0.071,-0.029,-0.012]
        yprime=[1,-1,1]
        funct=map(cos,xaxis)
        interp=map(w->hermite(x,y,yprime,w),xaxis)
        plot(xaxis,interp,label="Hermite interpolation")
        plot(xaxis, funct, label="cos(x)")
        scatter(x, y, label="data")
        legend(loc="upper right");
```

116

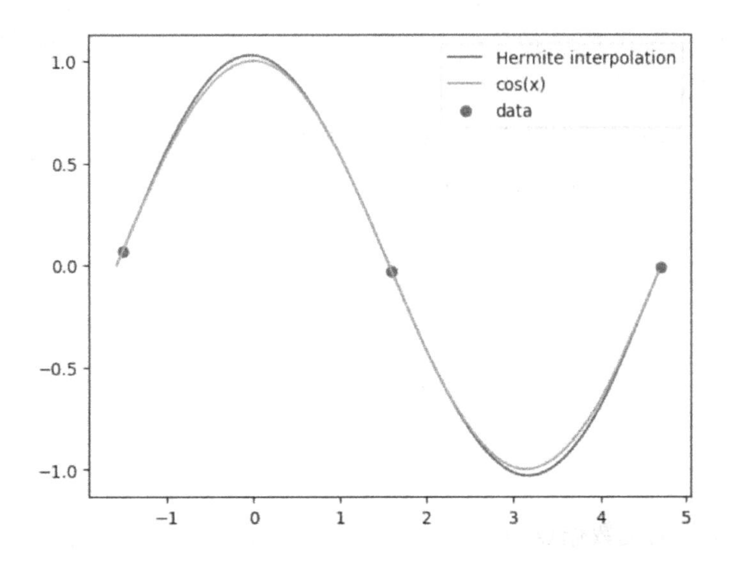

习题 3.3-1　下面的表格给出了 $y=f(x)$ 与 $y'=f'(x)$ 的值，其中 $f(x)=\mathrm{e}^x+\sin 10x$。计算埃尔米特插值多项式和多项式插值函数。将这两个插值多项式和在区间 $(0,3)$ 上的函数 $f(x)=\mathrm{e}^x+\sin 10x$ 一起画出来。

x	0	0.4	1	2	2.6	3
y	1	0.735	2.17	8.30	14.2	19.1
y'	11	−5.04	−5.67	11.5	19.9	21.6

3.4　分段多项式：样条插值

正如我们在 3.2 节中所观察到的，高次多项式插值会造成很大振荡，从而对潜在函数提供了总体上很差的近似。回顾一下，插值多项式的次数与数据点的个数直接相关：我们没有选择这个多项式的次数的自由。

在样条插值中，我们采用完全不同的方式：不是寻找单个的多项式去拟 117 合所给数据，而是寻找一个低次的多项式去拟合**每对**数据。这导致了几个多项式片段连接在一起，我们通常对不同的片段施加一些平滑条件。术语**样条函数**的意思是包含具有一些平滑条件的连在一起的多项式片段的函数。

在**线性样条插值**中，我们简单地用线段把数据点（节点）连起来，即线性多项式。例如，考虑图 3.4 中画出的三个数据点 $(x_{i-1},y_{i-1}),(x_i,y_i),(x_{i+1},y_{i+1})$。我们用线性多项式 $P(x)$ 拟合第 1 对数据点 $(x_{i-1},y_{i-1}),(x_i,y_i)$，再用另一个线性多项式 $Q(x)$ 拟合第 2 对数据点 $(x_i,y_i),(x_{i+1},y_{i+1})$。

设 $P(x)=ax+b$ 和 $Q(x)=cx+d$。我们通过解出下述有四个方程、四个未知量的方程组来求得系数 a,b,c,d：

$$P(x_{i-1})=y_{i-1}$$

$$P(x_i)=y_i$$

$$Q(x_i)=y_i$$

$$Q(x_{i+1})=y_{i+1}$$

然后我们对所有的数据点 $(x_0,y_0),(x_1,y_1),\cdots,(x_n,y_n)$ 重复这个过程，以确定所有的线性多项式。

线性样条插值的一个缺点是缺少平滑性。这个样条的一阶导数在节点处不连续（除非数据落在一条直线上）。我们可以通过增加分段多项式的次数来得到更好的平滑性。在**二次样条插值**中，我们通过二次多项式连接节点（图 3.5）。 118

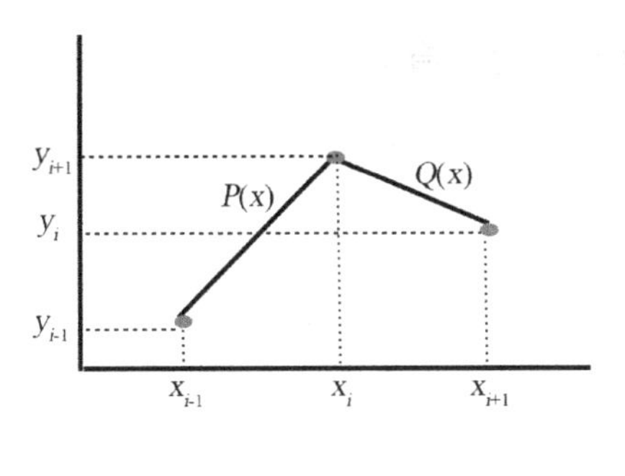

图 3.4 线性样条

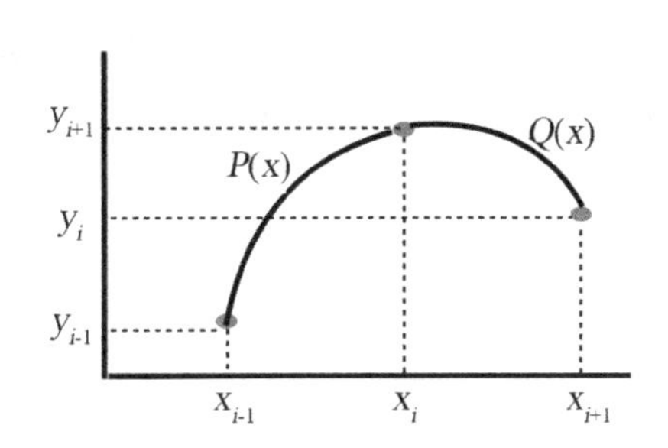

图 3.5 二次样条

设 $P(x)=a_0+a_1x+a_2x^2$ 和 $Q(x)=b_0+b_1x+b_2x^2$，这就有 6 个未知量要确定，但插值条件 $P(x_{i-1})=y_{i-1}, P(x_i)=y_i, Q(x_i)=y_i, Q(x_{i+1})=y_{i+1}$ 只有 4 个方程。我们可以通过要求一定的光滑性找到另外两个条件：$P'(x_i)=Q'(x_i)$ 和另一个由要求 P' 或 Q' 在两端点之一取一定的值所产生的方程。

三次样条插值

这是最常见的样条插值。它用三次多项式来连接节点。考虑数据

$$(x_0,y_0),(x_1,y_1),\cdots,(x_n,y_n)$$

其中 $x_0<x_1<\cdots<x_n$。在图 3.6 中，插值各对数据的三次多项式被标记为 $S_0,\cdots,S_{n-1}$（我们在图中省略了 y 坐标）。 119

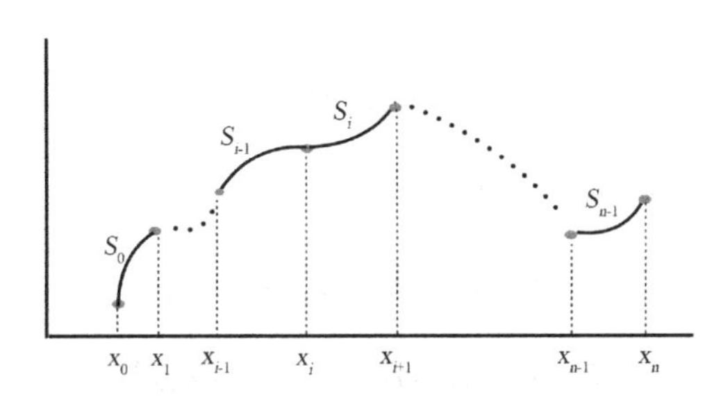

图 3.6 三次样条

多项式 S_i 插值节点 $(x_i,y_i),(x_{i+1},y_{i+1})$。设

$$S_i(x)=a_i+b_ix+c_ix^2+d_ix^3$$

其中 $i=0,1,\cdots,n-1$。当 i 从 0 到 $n-1$ 取值时，有 $4n$ 个未知量 a_i,b_i,c_i,d_i 要确定。让我们来描述 S_i 必须满足的方程。首先，插值条件要求，S_i 通过节点 $(x_i,y_i),(x_{i+1},y_{i+1})$：

$$S_i(x_i)=y_i$$
$$S_i(x_{i+1})=y_{i+1}$$

其中 $i=0,1,\cdots,n-1$，这给出了 $2n$ 个方程。下一组方程是关于平滑性的，对于 $i=1,2,\cdots,n$:

$$S'_{i-1}(x_i)=S'_i(x_i)$$
$$S''_{i-1}(x_i)=S''_i(x_i)$$

这给出了 $2(n-1)=2n-2$ 个方程。最后两个方程称为边界条件。这有两种选择：

120

- 自由或自然边界：$S''_0(x_0)=S''_{n-1}(x_n)=0$
- 夹持边界（clamped boundary）：$S'_0(x_0)=f'(x_0)$ 和 $S'_{n-1}(x_n)=f'(x_n)$

每一种边界选择都给出了另外两个方程，使总方程数为 $4n$。同样也有 $4n$ 个未知量。这些方程组有唯一解吗？答案是肯定的，证明可以在文献 Burden、Faires、Burden[4] 中找到。从第一种边界选择得到的样条称为**自然样条**，另一种则称为**夹持样条**。

例 64　求出插值数据 $(0,0),(1,1),(2,0)$ 的自然三次样条。

解　我们有两个三次多项式要确定：

$$S_0(x)=a_0+b_0x+c_0x^2+d_0x^3$$
$$S_1(x)=a_1+b_1x+c_1x^2+d_1x^3$$

其插值方程为：

$$S_0(0)=0\Rightarrow a_0=0$$

$$S_0(1)=1\Rightarrow a_0+b_0+c_0+d_0=1$$

$$S_1(1)=1\Rightarrow a_1+b_1+c_1+d_1=1$$

$$S_1(2)=0\Rightarrow a_1+2b_1+4c_1+8d_1=0$$

我们需要其他方程用到的多项式的导数：

$$S_0'(x)=b_0+2c_0x+3d_0x^2$$

$$S_1'(x)=b_1+2c_1x+3d_1x^2$$

$$S_0''(x)=2c_0+6d_0x$$

$$S_1''(x)=2c_1+6d_1x$$

平滑条件是

$$S_0'(1)=S_1'(1)\Rightarrow b_0+2c_0+3d_0=b_1+2c_1+3d_1$$

$$S_0''(1)=S_1''(1)\Rightarrow 2c_0+6d_0=2c_1+6d_1$$

自然边界条件是

$$S_0''(0)=0\Rightarrow 2c_0=0$$

$$S_1''(2)=0\Rightarrow 2c_1+12d_1=0$$

121

这就有 8 个方程和 8 个未知量。然而，$a_0=c_0=0$，所以方程和未知量的个数减少到 6。代入 $a_0=c_0=0$，并尽可能简化，我们把方程改写为：

$$b_0+d_0=1$$

$$a_1+b_1+c_1+d_1=1$$

$$a_1+2b_1+4c_1+8d_1=0$$

$$b_0+3d_0=b_1+2c_1+3d_1$$

$$3d_0 = c_1 + 3d_1$$

$$c_1 + 6d_1 = 0$$

我们将用 Julia 解这个方程组。为此，首先把这方程组改写为矩阵方程：

$$Ax = v$$

其中

$$A = \begin{bmatrix} 1 & 1 & 0 & 0 & 0 & 0 \\ 0 & 0 & 1 & 1 & 1 & 1 \\ 0 & 0 & 1 & 2 & 4 & 8 \\ 1 & 3 & 0 & -1 & -2 & -3 \\ 0 & 3 & 0 & 0 & -1 & -3 \\ 0 & 0 & 0 & 0 & 1 & 6 \end{bmatrix}, x = \begin{bmatrix} b_0 \\ d_0 \\ a_1 \\ b_1 \\ c_1 \\ d_1 \end{bmatrix}, v = \begin{bmatrix} 1 \\ 1 \\ 0 \\ 0 \\ 0 \\ 0 \end{bmatrix}$$

我们把矩阵 A, v 输入 Julia，然后用语句 $A\backslash v$ 解方程 $Ax = v$。

```
In [1]: A=[1 1 0 0 0 0 ; 0 0 1 1 1 1; 0 0 1 2 4 8; 1 3 0 -1 -2 -3;

0 3 0 0 -1 -3; 0 0 0 0 1 6]

Out[1]: 6×6 Array{Int64,2}:
         1  1  0   0   0   0
         0  0  1   1   1   1
         0  0  1   2   4   8
         1  3  0  -1  -2  -3
         0  3  0   0  -1  -3
         0  0  0   0   1   6
```

122

```
In [2]: v=[1 1 0 0 0 0]'

Out[2]: 6×1 Array{Int64,2}:
         1
         1
         0
         0
         0
         0

In [3]: A\v
```

```
Out[3]: 6×1 Array{Float64,2}:
          1.5
         -0.5
         -1.0
          4.5
         -3.0
          0.5
```

所以，多项式是：

$$S_0(x) = 1.5x - 0.5x^3$$

$$S_1(x) = -1 + 4.5x - 3x^2 + 0.5x^3$$

即使解三个数据点的样条多项式也可能是单调乏味的。幸运的是，有一般的方法来解任意个数的数据点的自然和夹持样条方程。我们将在接下来编写关于样条的 Julia 代码时使用这种方法。

习题 3.4-1　求出关于下列数据的自然三次样条插值：

x	-1	0	1
y	1	2	0

习题 3.4-2　下面是相应于定义在 $[1,3]$ 上的函数 f 的夹持三次样条：

$$s(x) = \begin{cases} s_0(x) = (x-1) + (x-1)^2 - (x-1)^3, & \text{如果} 1 \leqslant x < 2 \\ s_1(x) = a + b(x-2) + c(x-2)^2 + d(x-2)^3, & \text{如果} 2 \leqslant x < 3 \end{cases}$$

若 $f'(1) = 1$ 和 $f'(3) = 2$，求出 $a, b, c,$ 和 d。

123

样条插值的 Julia 代码

```
In [1]: using PyPlot
```

函数 CubicNatural 以数据的 x 和 y 坐标作为输入，通过求解得到的矩阵方程计算插值数据的自然三次样条。代码基于参考文献 [4] 中的算法 3.4。它的输出是 $m-1$ 个三次多项式的系数 $a_i, b_i, c_i, d_i, i = 1, \cdots, m-1$，其中 m 是数据点的个数。这些系数是存储在说明为全局变量的数组 a,b,c,d 中，以便以后我们使用这些数组对给出的 w 值估算样条值。

```
In [2]: function CubicNatural(x::Array,y::Array)
            m=length(x) # m is the number of data points
            n=m-1
            global a=Array{Float64}(undef,m)
            global b=Array{Float64}(undef,n)
            global c=Array{Float64}(undef,m)
            global d=Array{Float64}(undef,n)
            for i in 1:m
                a[i]=y[i]
            end
            h=Array{Float64}(undef,n)
            for i in 1:n
                h[i]=x[i+1]-x[i]
            end
            u=Array{Float64}(undef,n)
            u[1]=0
            for i in 2:n
                u[i]=3*(a[i+1]-a[i])/h[i]-3*(a[i]-a[i-1])/h[i-1]
            end
            s=Array{Float64}(undef,m)
            z=Array{Float64}(undef,m)
            t=Array{Float64}(undef,n)
            s[1]=1
            z[1]=0
            t[1]=0
            for i in 2:n
                s[i]=2*(x[i+1]-x[i-1])-h[i-1]*t[i-1]
                t[i]=h[i]/s[i]
                z[i]=(u[i]-h[i-1]*z[i-1])/s[i]
            end
            s[m]=1
            z[m]=0
            c[m]=0
            for i in reverse(1:n)
                c[i]=z[i]-t[i]*c[i+1]
                b[i]=(a[i+1]-a[i])/h[i]-h[i]*(c[i+1]+2*c[i])/3
                d[i]=(c[i+1]-c[i])/(3*h[i])
            end
```

124

```
        end
```

Out[2]: CubicNatural (generic function with 1 method)

一旦解出矩阵方程，并由 CubicNatural 计算出三次多项式的系数，下一步就是计算给定值的样条。这要由下面的函数 CubicNaturalEval 来完成。它的输入是要进行样条估算的值 w 和数据的 x 坐标。函数首先求出 w 属于的区间 $[x_i,x_{i+1}], i=1,\cdots,m-1$，然后用相应的三次多项式估算 w 的样条值。注意，在上一节中，数据和区间是从 0 开始计数的，因此 Julia 代码中使用的公式与前面给出的公式并不完全匹配。

```
In [3]: function CubicNaturalEval(w,x::Array)
            m=length(x)
            if w<x[1]||w>x[m]
                return print("error: spline evaluated outside
                its domain")
            end
            n=m-1
            p=1
            for i in 1:n
                if w<=x[i+1]
                    break
                else
                    p=p+1
                end
            end
            # p is the number of the subinterval w falls into, i.e.,
            # p=i means w falls into the ith subinterval $(x_i,x_{i+1}),
            # and therefore the value of the spline at w is
            # a_i+b_i*(w-x_i)+c_i*(w-x_i)^2+d_i*(w-x_i)^3.
            return a[p]+b[p]*(w-x[p])+c[p]*(w-x[p])^2+d[p]*(w-x[p])^3
        end
```

125

Out[3]: CubicNaturalEval (generic function with 1 method)

下面我们将比较牛顿插值和三次样条插值用于龙格函数时的结果。我们首先导入牛顿插值函数。

```
In [4]: function diff(x::Array,y::Array)
            m=length(x) # here m is the number of data points.
```

```
    # the degree of the polynomial n is m-1
    a=Array{Float64}(undef,m)
    for i in 1:m
        a[i]=y[i]
    end
    for j in 2:m
        for i in reverse(collect(j:m))
            a[i]=(a[i]-a[i-1])/(x[i]-x[i-(j-1)])
        end
    end
    return(a)
end
```

```
Out[4]: diff (generic function with 1 method)
```

```
In [5]: function newton(x::Array,y::Array,z)
    m=length(x) # here m is the number of data points, not the
    # degree of the polynomial
    a=diff(x,y)
    sum=a[1]
    pr=1.0
    for j in 1:(m-1)
        pr=pr*(z-x[j])
        sum=sum+a[j+1]*pr
    end
    return sum
end
```

126

```
Out[5]: newton (generic function with 1 method)
```

下面是计算三次样条、牛顿插值和作图的代码。

```
In [6]: using LaTeXStrings
xaxis=-5:1/100:5
f(x)=1/(1+x^2)
runge=f.(xaxis)
xi=collect(-5:1:5)
yi=map(f,xi)
CubicNatural(xi,yi)
naturalspline=map(z->CubicNaturalEval(z,xi),xaxis)
interp=map(z->newton(xi,yi,z),xaxis) # Interpolating polynomial
# for the data
```

```
plot(xaxis,runge,label=L"1/(1+x^2)")
plot(xaxis,interp,label="Interpolating poly")
plot(xaxis,naturalspline,label="Natural cubic spline")
scatter(xi, yi, label="Data")
legend(loc="upper center");
```

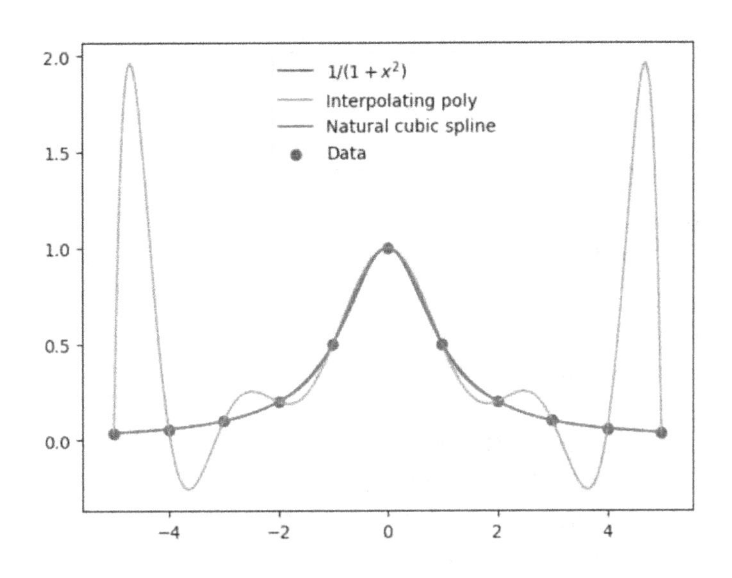

127

三次样条在这个尺度上极佳地拟合了龙格函数：在视觉上不可能把它与函数本身分开。

下面的函数 CubicClamped 基于参考文献 [4] 中的算法 3.5，它计算夹持三次样条。函数 CubicClampedEval 计算在给定值的样条估值。

```
In [7]: function CubicClamped(x::Array,y::Array,yprime_left,yprime_right)
            m=length(x) # m is the number of data points
            n=m-1
            global A=Array{Float64}(undef,m)
            global B=Array{Float64}(undef,n)
            global C=Array{Float64}(undef,m)
            global D=Array{Float64}(undef,n)
            for i in 1:m
                A[i]=y[i]
            end
            h=Array{Float64}(undef,n)
            for i in 1:n
                h[i]=x[i+1]-x[i]
            end
```

```
        u=Array{Float64}(undef,m)
        u[1]=3*(A[2]-A[1])/h[1]-3*yprime_left
        u[m]=3*yprime_right-3*(A[m]-A[m-1])/h[m-1]
        for i in 2:n
            u[i]=3*(A[i+1]-A[i])/h[i]-3*(A[i]-A[i-1])/h[i-1]
        end
        s=Array{Float64}(undef,m)
        z=Array{Float64}(undef,m)
        t=Array{Float64}(undef,n)
        s[1]=2*h[1]
        t[1]=0.5
        z[1]=u[1]/s[1]
        for i in 2:n
            s[i]=2*(x[i+1]-x[i-1])-h[i-1]*t[i-1]
            t[i]=h[i]/s[i]
            z[i]=(u[i]-h[i-1]*z[i-1])/s[i]
        end
        s[m]=h[m-1]*(2-t[m-1])
        z[m]=(u[m]-h[m-1]*z[m-1])/s[m]
        c[m]=z[m]
        for i in reverse(1:n)
            C[i]=z[i]-t[i]*C[i+1]
            B[i]=(A[i+1]-A[i])/h[i]-h[i]*(C[i+1]+2*C[i])/3
            D[i]=(C[i+1]-C[i])/(3*h[i])
        end
    end

Out[7]: CubicClamped (generic function with 1 method)

In [8]: function CubicClampedEval(w,x::Array)
    m=length(x)
    if w<x[1]||w>x[m]
        return print("error: spline evaluated outside
        its domain")
    end
    n=m-1
    p=1
    for i in 1:n
        if w<=x[i+1]
            break
        else
```

128

```
                p=p+1
            end
        end
        return A[p]+B[p]*(w-x[p])+C[p]*(w-x[p])^2+D[p]*(w-x[p])^3
    end
```

```
Out[8]: CubicClampedEval (generic function with 1 method)
```

下面我们用自然和夹持样条插值来自 $\sin x$ 在 x 坐标为 $0, \pi, 3\pi/2, 2\pi$ 的数据。两端点的导数都等于 1。

129

```
In [9]: xaxis=0:1/100:2*pi
        f(x)=sin(x)
        funct=f.(xaxis)
        xi=[0,pi,3*pi/2,2*pi]
        yi=map(f,xi)
        CubicNatural(xi,yi)
        naturalspline=map(z->CubicNaturalEval(z,xi),xaxis)
        CubicClamped(xi,yi,1,1)
        clampedspline=map(z->CubicClampedEval(z,xi),xaxis)
        plot(xaxis,funct,label="sin(x)")
        plot(xaxis,naturalspline,linestyle="--",label="Natural cubic
        spline")
        plot(xaxis,clampedspline,label="Clamped cubic spline")
        scatter(xi, yi, label="Data")
        legend(loc="upper right");
```

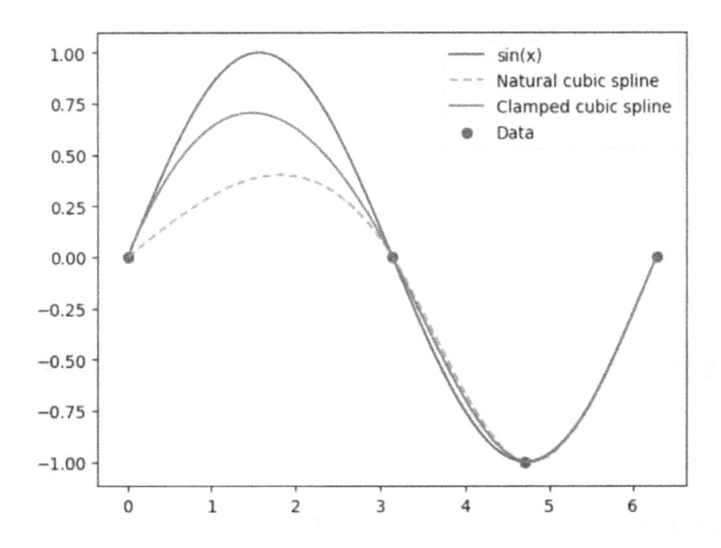

特别在区间 $(0,\pi)$ 上，夹持样条比自然样条更接近 $\sin x$。但是，增加 0 与 π 之间一个额外的数据点就会消除这两种样条的视觉差异。

130

```
In [10]: xaxis=0:1/100:2*pi
         f(x)=sin(x)
         funct=f.(xaxis)
         xi=[0,pi/2,pi,3*pi/2,2*pi]
         yi=map(f,xi)
         CubicNatural(xi,yi)
         naturalspline=map(z->CubicNaturalEval(z,xi),xaxis)
         CubicClamped(xi,yi,1,1)
         clampedspline=map(z->CubicClampedEval(z,xi),xaxis)
         plot(xaxis,funct,label="sin(x)")
         plot(xaxis,naturalspline,linestyle="--",label="Natural cubic
         spline")
         plot(xaxis,clampedspline,label="Clamped cubic spline")
         scatter(xi, yi, label="Data")
         legend(loc="upper right");
```

131

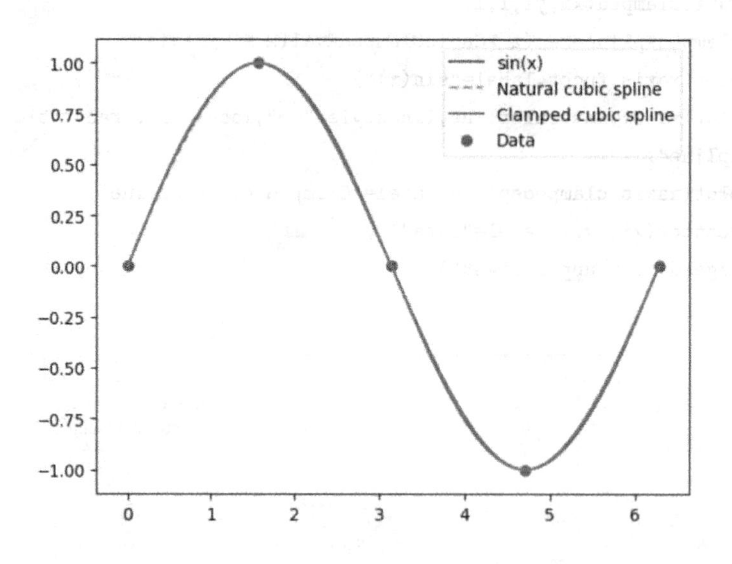

艾丽娅和字母 NUH

艾丽娅喜欢苏斯博士（谁不喜欢？），她正在用英语写关于 *On Beyond Zebra!*[⊖] 的学期论文。在这本书中，苏斯博士发明了新的字母，其中之一称为 NUH。他写道：

⊖ 这是苏斯博士于 1995 年为年轻读者写的书，由兰登书屋出版。

And NUH is the letter I use to spell Nutches Who live in small caves, known as Nitches, for hutches. These Nutches have troubles, the biggest of which is The fact there are many more Nutches than Nitches.

NUH 看起来像什么？嗯，就像下面这样：

艾丽娅想要的是一个数字化版本的草图——一个平滑的可以用绘图软件处理的图。字母 NUH 直接应用样条插值有点复杂，因为它有一些尖点。对这样的平面曲线来说，我们可以用它们的参数表达式对 x 和 y 坐标分开使用三次样条插值。为此，艾丽娅在字母 NUH 上选了 8 个点，标为 $t=1,2,\cdots,8$，见下图。 132

然后对每一个点，她在坐标纸的帮助下目测它们的 x 和 y 坐标，结果列在下表中。

t	1	2	3	4	5	6	7	8
x	0	0	−0.05	0.1	0.4	0.65	0.7	0.76
y	0	1.25	2.5	1	0.3	0.9	1.5	0

下一步是用一个三次样条拟合数据 $(t_1,x_1),\cdots,(t_8,x_8)$，另一个三次样条拟合数据 $(t_1,y_1),\cdots,(t_8,y_8)$。我们分别称这些样条为 xspline($t$) 和 yspline($t$)，因为它们分别表示 x 和 y 坐标是参数 t 的函数。画出 xspline(t) 和 yspline(t) 会生成字母 NUH。正如我们在下面的 Julia 代码中看到的那样。

首先，加载软件包 PyPlot，复制并计算前面讨论过的函数 `CubicNatural` 和 `CubicNaturalEval`。下面是由样条插值得到的字母 NUH:

```
In [4]: t=[1,2,3,4,5,6,7,8]
        x=[0,0,-0.05,0.1,0.4,0.65,0.7,0.76]
        y=[0,1.25,2.5,1,0.3,0.9,1.5,0]
        taxis=1:1/100:8
        CubicNatural(t,x)
        xspline=map(z->CubicNaturalEval(z,t),taxis)
        CubicNatural(t,y)
        yspline=map(z->CubicNaturalEval(z,t),taxis)
        plot(xspline,yspline,linewidth=5);
```

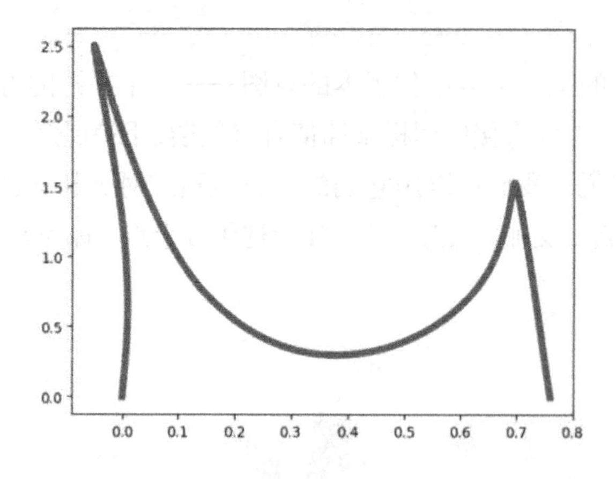

133

该图看上去需要压缩！调整纵横轴的比会得到更好的图。下面，我们用语句

w，*h* = *plt[:figaspect](2)*

figure(figsize=(w,h))

来调整纵横轴的比。

```
In [5]: t=[1,2,3,4,5,6,7,8]
        x=[0,0,-0.05,0.1,0.4,0.65,0.7,0.76]
        y=[0,1.25,2.5,1,0.3,0.9,1.5,0]
        taxis=1:1/100:8
        CubicNatural(t,x)
        xspline=map(z->CubicNaturalEval(z,t),taxis)
        CubicNatural(t,y)
        yspline=map(z->CubicNaturalEval(z,t),taxis)
        w, h = plt[:figaspect](2)
        figure(figsize=(w,h))
        plot(xspline,yspline,linewidth=5);
```

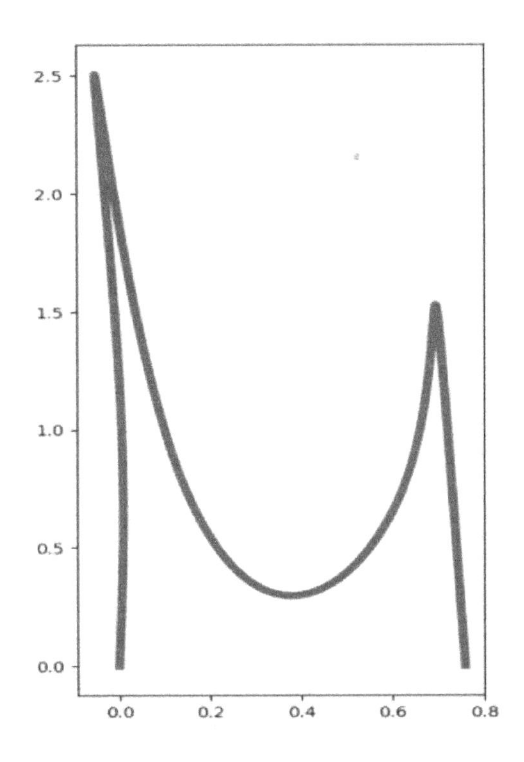

习题 3.4-3　蜗线（Limaçon，源于法语，蜗牛的意思）是一条曲线，出现在行星运动的研究中。这条曲线的极坐标方程为 $r=1+c\sin\theta$，其中 c 是常数。下面是 $c=1$ 时的曲线图。

134

下表列出了曲线上的点的 x 和 y 坐标：

x	0	0.5	1	1.3	0	−1.3	−1	−0.5	0
y	0	−0.25	0	0.71	2	0.71	0	−0.25	0

应用在“艾丽娅和字母 NUH”这个例子中用过的对平面曲线的样条插值拟合上表给出的点，以此重建上面的蜗线。

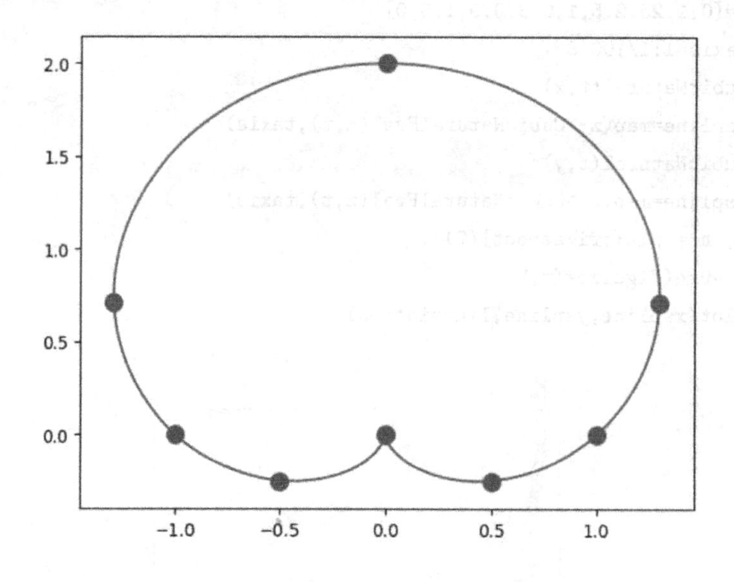

135

第4章

First Semester in Numerical Analysis with Julia

数值积分和数值微分

用形如 $\sum_{i=0}^{n} w_i f(x_i)$ 的求和式来估算 $\int_a^b f(x)\,\mathrm{d}x$ 称为数值积分问题。这里，w_i 称为权数，x_i 称为节点。目标是确定最小化误差的节点和权数。

4.1 牛顿 – 柯特斯公式

该公式的想法是构建多项式插值 $P(x)$，计算 $\int_a^b P(x)\,\mathrm{d}x$ 来近似 $\int_a^b f(x)\,\mathrm{d}x$。给定节点 $x_0, x_1, \cdots, x_n$，拉格朗日插值是

$$P_n(x) = \sum_{i=0}^{n} f(x_i) l_i(x)$$

从定理 51 的插值误差公式，我们有

$$f(x) = P_n(x) + (x - x_0) \cdots (x - x_n) \frac{f^{(n+1)}(\xi(x))}{(n+1)!}$$

其中 $\xi(x) \in [a,b]$。（我们写为 $\xi(x)$ 而不是 ξ，是为了强调 ξ 取决于 x 的值。）

对两边积分，得到

$$\int_a^b f(x)\,\mathrm{d}x = \underbrace{\int_a^b P_n(x)\,\mathrm{d}x}_{\text{求积法则}} + \underbrace{\frac{1}{(n+1)!} \int_a^b \prod_{i=0}^{n} (x - x_i) f^{(n+1)}(\xi(x))\,\mathrm{d}x}_{\text{误差项}} \tag{4.1}$$

136

右边第一项积分给出了求积法则：

$$\begin{aligned}\int_a^b P_n(x)\,\mathrm{d}x &= \int_a^b \left(\sum_{i=0}^n f(x_i)l_i(x)\right)\mathrm{d}x \\ &= \sum_{i=0}^n \left(\underbrace{\int_a^b l_i(x)\,\mathrm{d}x}_{w_i}\right) f(x_i) \\ &= \sum_{i=0}^n w_i f(x_i)\end{aligned}$$

而第二项积分给出了误差项。

取不同的节点或不同的节点数会得到不同的求积法则。下面的结果对牛顿 – 柯特斯公式的理论分析很有用。

定理 65（积分加权平均值定理） 设 $f \in C^0[a,b]$，$g(x)$ 在 $[a,b]$ 上不变号，且它的黎曼积分存在，则存在 $\xi \in (a,b)$，使得 $\int_a^b f(x)g(x)\,\mathrm{d}x = f(\xi)\int_a^b g(x)\,\mathrm{d}x$ 成立。

两个著名的求积法则——梯形公式和辛普森公式是牛顿 – 柯特斯公式的示例。

- **梯形公式**

  设 $f \in C^2[a,b]$。取两个节点 $x_0 = a$，$x_1 = b$，使用线性拉格朗日多项式

$$P_1(x) = \frac{x - x_1}{x_0 - x_1} f(x_0) + \frac{x - x_0}{x_1 - x_0} f(x_1)$$

  来估算 $f(x)$。在等式 (4.1) 中代入 $n = 1$，得到

$$\int_a^b f(x)\,\mathrm{d}x = \int_a^b P_1(x)\,\mathrm{d}x + \frac{1}{2}\int_a^b \prod_{i=0}^1 (x - x_i) f''(\xi(x))\,\mathrm{d}x$$

  然后代入 P_1，得到

$$\begin{aligned}\int_a^b f(x)\,\mathrm{d}x = &\int_a^b \frac{x - x_1}{x_0 - x_1} f(x_0)\,\mathrm{d}x + \int_a^b \frac{x - x_0}{x_1 - x_0} f(x_1)\,\mathrm{d}x \\ &+ \frac{1}{2}\int_a^b (x - x_0)(x - x_1) f''(\xi(x))\,\mathrm{d}x\end{aligned}$$

容易算出右边的前两个积分：第 1 个积分是 $\frac{h}{2}f(x_0)$，而第 2 个积分是 $\frac{h}{2}f(x_1)$，其中 $h=x_1-x_0=b-a$。我们来计算

$$\int_a^b (x-x_0)(x-x_1)f''(\xi(x))\,\mathrm{d}x$$

注意，函数 $(x-x_0)(x-x_1)=(x-a)(x-b)$ 在区间 $[a,b]$ 上不变号且可积，所以它充当了定理 65 中 $g(x)$ 的角色。另一项 $f''(\xi(x))$ 充当了 $f(x)$ 的角色。应用定理，我们得到 137

$$\int_a^b (x-a)(x-b)f''(\xi(x))\,\mathrm{d}x = f''(\xi)\int_a^b (x-a)(x-b)\,\mathrm{d}x$$

其中，当我们把 $f''(\xi(x))$ 从积分内移到外面时，保留同样的符号 ξ 有点不合适。最后，注意到

$$\int_a^b (x-a)(x-b)\,\mathrm{d}x = \frac{(a-b)^3}{6} = \frac{-h^3}{6}$$

其中 $h=b-a$。把上面所有的结果放在一起，我们得到了

$$\int_a^b f(x)\,\mathrm{d}x = \frac{h}{2}[f(x_0)+f(x_1)] - \frac{h^3}{12}f''(\xi)$$

- **辛普森公式**

  设 $f\in C^4[a,b]$。取三个等距节点 $x_0=a$，$x_1=a+h$，$x_2=b$,，其中 $h=\frac{b-a}{2}$，并使用二次拉格朗日多项式

$$\begin{aligned}P_2(x) =& \frac{(x-x_1)(x-x_2)}{(x_0-x_1)(x_0-x_2)}f(x_0) + \frac{(x-x_0)(x-x_2)}{(x_1-x_0)(x_1-x_2)}f(x_1)\\ &+ \frac{(x-x_0)(x-x_1)}{(x_2-x_0)(x_2-x_1)}f(x_2)\end{aligned}$$

来估算 $f(x)$。在等式 (4.1) 中代入 $n=2$，得到

$$\int_a^b f(x)\,\mathrm{d}x = \int_a^b P_2(x)\,\mathrm{d}x + \frac{1}{3!}\int_a^b \prod_{i=0}^{2}(x-x_i)f^{(3)}(\xi(x))\,\mathrm{d}x$$

然后代入 P_2，得到

$$\int_a^b f(x)\,\mathrm{d}x = \int_a^b \frac{(x-x_1)(x-x_2)}{(x_0-x_1)(x_0-x_2)} f(x_0)\,\mathrm{d}x + \int_a^b \frac{(x-x_0)(x-x_2)}{(x_1-x_0)(x_1-x_2)} f(x_1)\,\mathrm{d}x + \int_a^b \frac{(x-x_0)(x-x_1)}{(x_2-x_0)(x_2-x_1)} f(x_2)\,\mathrm{d}x + \frac{1}{6}\int_a^b (x-x_0)(x-x_1)(x-x_2) f^{(3)}(\xi(x))\,\mathrm{d}x$$

右边前三项积分的和简化为 $\frac{h}{3}[f(x_0)+4f(x_1)+f(x_2)]$。最后一项积分不像梯形公式那样可以直接用定理 65 来计算，因为函数 $(x-x_0)(x-x_1)(x-x_2)$ 在 $[a,b]$ 上变号。但是巧妙地应用分部积分法可以把该积分变换为一个可以应用定理 65 的积分（详见参考文献 [3]），从而积分可简化为 $-\frac{h^5}{90}f^{(4)}(\xi), \xi \in (a,b)$。总之，我们得到

138

$$\int_a^b f(x)\,\mathrm{d}x = \frac{h}{3}[f(x_0)+4f(x_1)+f(x_2)] - \frac{h^5}{90}f^{(4)}(\xi)$$

其中 $\xi \in (a,b)$。

习题 4.1-1　求证: 牛顿 – 柯特斯公式中权数之和对任何 n 都是 $b-a$。

定义 66　求积公式的准确度或精度是使公式对 $f(x)=x^k$（$k=0,1,\cdots,n$）准确的最大正整数 n，或等价地，对任何次数小于等于 n 的多项式准确的最大正整数 n。

注意到梯形公式和辛普森公式的精度分别是 1 和 3。这两个公式是**闭**（closed）牛顿 – 柯特斯公式的示例。**闭**指的是在求积公式中区间的两端点 a,b 用作节点这一事实。下面是一般的定义：

定义 67（闭牛顿 – 柯特斯公式）　$(n+1)$ 点的闭牛顿 – 柯特斯公式使用节点 $x_i = x_0 + ih, i=0,1,\cdots,n$。其中 $x_0=a, x_n=b, h=\frac{b-a}{n}$，而且

$$w_i = \int_{x_0}^{x_n} l_i(x)\,\mathrm{d}x = \int_{x_0}^{x_n} \prod_{j=0,j\neq i}^{n} \frac{x-x_j}{x_i-x_j}\,\mathrm{d}x$$

下面的定理提供了闭牛顿 – 柯特斯公式的误差公式。证明可以在参考文献 [12] 中找到。

定理 68　关于（$n+1$）点的闭牛顿一柯特斯公式，我们有

- 如果 n 是偶数，且 $f \in C^{n+2}[a,b]$，

$$\int_a^b f(x)\,\mathrm{d}x = \sum_{i=0}^{n} w_i f(x_i) + \frac{h^{n+3} f^{(n+2)}(\xi)}{(n+2)!} \int_0^n t^2(t-1)\cdots(t-n)\,\mathrm{d}t$$

- 如果 n 是奇数，且 $f \in C^{n+1}[a,b]$，

$$\int_a^b f(x)\,\mathrm{d}x = \sum_{i=0}^{n} w_i f(x_i) + \frac{h^{n+2} f^{(n+1)}(\xi)}{(n+1)!} \int_0^n t(t-1)\cdots(t-n)\,\mathrm{d}t$$

139

其中 ξ 是 (a,b) 中的某个数。

一些著名的闭牛顿 – 柯特斯公式的例子是：梯形公式 ($n=1$)、辛普森公式 ($n=2$) 和辛普森 3/8 公式（$n=3$）。注意，在 $(n+1)$ 点的闭牛顿 – 柯特斯公式里，如果 n 是偶数，尽管插值多项式是 n 次的，但精度是 $(n+1)$。开（open）牛顿 – 柯特斯公式不包括区间的两个端点。

定义 69（开牛顿 – 柯特斯公式）　$(n+1)$ 点的开牛顿 – 柯特斯公式使用节点 $x_i = x_0 + ih, i = 0,1,\cdots,n$。其中 $x_0 = a+h, x_n = b-h, h = \frac{b-a}{n+2}$，以及

$$w_i = \int_a^b l_i(x)\,\mathrm{d}x = \int_a^b \prod_{j=0,j\neq i}^{n} \frac{x-x_j}{x_i-x_j}\,\mathrm{d}x$$

我们令 $a = x_{-1}$ 和 $b = x_{n+1}$。

下面给出开牛顿 – 柯特斯公式的误差公式，证明见参考文献 [12]。

定理 70　关于 $(n+1)$ 点的开牛顿一柯特斯公式，我们有

- 如果 n 是偶数，且 $f\in C^{n+2}[a,b]$，

$$\int_a^b f(x)\,\mathrm{d}x=\sum_{i=0}^{n}w_if(x_i)+\frac{h^{n+3}f^{(n+2)}(\xi)}{(n+2)!}\int_{-1}^{n+1}t^2(t-1)\cdots(t-n)\,\mathrm{d}t$$

- 如果 n 是奇数，且 $f\in C^{n+1}[a,b]$，

$$\int_a^b f(x)\,\mathrm{d}x=\sum_{i=0}^{n}w_if(x_i)+\frac{h^{n+2}f^{(n+1)}(\xi)}{(n+1)!}\int_{-1}^{n+1}t(t-1)\cdots(t-n)\,\mathrm{d}t$$

其中 ξ 是 (a,b) 中的某个数。

众所周知的中点法则（midpoint rule）就是开牛顿－柯特斯公式的一个例子：

- **中点法则**

  取一个节点 $x_0=a+h$，它对应于上面定理中 $n=0$，得到

$$\int_a^b f(x)\,\mathrm{d}x=2hf(x_0)+\frac{h^3f''(\xi)}{3}$$

  其中 $h=(b-a)/2$。这个法则是用一个常数（f 在中点的值），即一个 0 次多项式来插值 f，但它的精度为 1。

140

评注 71

用奇数个节点（n 是偶数）的闭和开牛顿－柯特斯公式，都会获得比它们作为基础的插值多项式的次数大 1 的精度，这是正负误差相消而造成的。

牛顿－柯特斯公式有一些缺点：

- 一般来说，这些公式的精度并不是使用的节点数所可能得到的最高的。
- 使用大量的等距节点可能导致与高次插值多项式有关的不稳定性。高阶公式的权数可能是负的，这可能会导致误差的有效数位损失。
- 设 I_n 表示基于 n 个节点的牛顿－柯特斯公式对一个积分的近似值。当 $n\to\infty$ 时，对于性态很好的被积函数，I_n 可能收敛不到真正的积分值。

例 72　用中点法则、梯形公式和辛普森公式估算 $\int_{0.5}^{1} x^x \mathrm{d}x$。

解　设 $f(x)=x^x$。用中点法则估值是 $2hf(x_0)$，其中 $h=(b-a)/2=1/4$，$x_0=0.75$。从而，用 6 位数字的中点法则估值为 $f(0.75)/2=0.805\,927/2=0.402\,964$。用梯形公式估值是 $\frac{h}{2}[f(0.5)+f(1)]$，其中 $h=1/2$，结果是 $1.707\,107/4=0.426\,777$。最后，用辛普森公式时，$h=(b-a)/2=1/4$，这样，估值是

$$\frac{h}{3}[f(0.5)+4f(0.75)+f(1)]=\frac{1}{12}[0.707\,107+4(0.805\,927)+1]=0.410\,901$$

下面是这些结果的一个小结：

中点法则	梯形公式	辛普森公式
0.402 964	0.426 777	0.410 901

例 73　求常数 c_0, c_1, x_1，使得下面的求积公式具有最高可能的精度：

$$\int_0^1 f(x)\,\mathrm{d}x = c_0 f(0) + c_1 f(x_1)$$

解　我们要求多项式 $1, x, x^2, \cdots$ 中有多少个能准确地积分。

如果 $p(x)=1$，则

$$\int_0^1 p(x)\,\mathrm{d}x = c_0 p(0) + c_1 p(x_1) \Rightarrow 1 = c_0 + c_1$$

如果 $p(x)=x$，我们得到

$$\int_0^1 p(x)\,\mathrm{d}x = c_0 p(0) + c_1 p(x_1) \Rightarrow \frac{1}{2} = c_1 x_1$$

141

而 $p(x)=x^2$ 隐含着

$$\int_0^1 p(x)\,\mathrm{d}x = c_0 p(0) + c_1 p(x_1) \Rightarrow \frac{1}{3} = c_1 x_1^2$$

得到三个未知量和三个方程，所以就此停止。解这三个方程，得到 $c_0 = 1/4$，$c_1 = 3/4$ 和 $x_1 = 2/3$。因此，这个数值积分公式具有精度 2，它是：

$$\int_0^1 f(x)\,\mathrm{d}x = \frac{1}{4}f(0) + \frac{3}{4}f\left(\frac{2}{3}\right)$$

习题 4.1-2 求常数 c_0, c_1, c_2，使得求积公式 $\int_{-1}^{1} f(x)\,\mathrm{d}x = c_0 f(-1) + c_1 f(0) + c_2 f(1)$ 具有精度 2。

4.2 复合牛顿 – 柯特斯公式

如果求积区间 $[a,b]$ 很大，牛顿 – 柯特斯公式会得到很差的近似。数值积分的误差取决于 $h = (b-a)/n$（闭公式），如果 $b-a$ 很大，则 h 也就很大，因此误差也大。如果增大 n 来抵消大的区间，那么我们就会面临早先讨论过的问题：使用等距节点的高次插值多项式的振荡性态所造成的误差。一个解决办法是把定义域分为小的区间，并在每个子区间上使用 n 较小的牛顿 – 柯特斯公式，这就是所谓的复合公式。

例 74 计算 $\int_0^2 \mathrm{e}^x \sin x\,\mathrm{d}x$。原函数能用分部积分法算出，6 位数的积分真值是 5.396 89。如果用辛普森公式，我们得到

$$\int_0^2 \mathrm{e}^x \sin x\,\mathrm{d}x \approx \frac{1}{3}(\mathrm{e}^0 \sin 0 + 4\mathrm{e}\sin 1 + \mathrm{e}^2 \sin 2) = 5.289\ 42$$

142 如果把积分域 $(0,2)$ 分为 $(0,1)$ 和 $(1,2)$，对每个子区域分别使用辛普森公式，得到

$$\begin{aligned}\int_0^2 \mathrm{e}^x \sin x\,\mathrm{d}x &= \int_0^1 \mathrm{e}^x \sin x\,\mathrm{d}x + \int_1^2 \mathrm{e}^x \sin x\,\mathrm{d}x \\ &\approx \frac{1}{6}(\mathrm{e}^0 \sin 0 + 4\mathrm{e}^{0.5}\sin(0.5) + \mathrm{e}\sin 1) \\ &\quad + \frac{1}{6}(\mathrm{e}\sin 1 + 4\mathrm{e}^{1.5}\sin(1.5) + \mathrm{e}^2 \sin 2) \\ &= 5.389\ 53\end{aligned}$$

这就显著改进了精度。注意，我们用了 5 个节点 $0,0.5,1,1.5,2$，它们把区域 $(0,2)$ 分为四个子区间。

中点法则、梯形公式和辛普森公式的复合公式以及它们的误差项为：

- **复合中点法则**

  设 $f\in C^2[a,b]$, n 为偶数, $h=\dfrac{b-a}{n+2}$, $x_j=a+(j+1)h$, $j=-1,0,\cdots,n+1$。在 $n+2$ 个子区间上的复合中点法则是：对于某个 $\xi\in(a,b)$，

$$\int_a^b f(x)\,\mathrm{d}x=2h\sum_{j=0}^{n/2}f(x_{2j})+\frac{b-a}{6}h^2f''(\xi) \tag{4.2}$$

- **复合梯形公式**

  设 $f\in C^2[a,b]$，$h=\dfrac{b-a}{n}$，$x_j=a+jh$，$j=0,1,\cdots,n$。在 n 个子区间上的复合梯形公式是：对于某个 $\xi\in(a,b)$，

$$\int_a^b f(x)\,\mathrm{d}x=\frac{h}{2}\left[f(a)+2\sum_{j=1}^{n-1}f(x_j)+f(b)\right]-\frac{b-a}{12}h^2f''(\xi) \tag{4.3}$$

- **复合辛普森公式**

  设 $f\in C^4[a,b]$，n 为偶数，$h=\dfrac{b-a}{n}$，$x_j=a+jh$，$j=0,1,\cdots,n$。在 n 个子区间上的复合辛普森公式是：对于某个 $\xi\in(a,b)$，

$$\int_a^b f(x)\,\mathrm{d}x=\frac{h}{3}\left[f(a)+2\sum_{j=1}^{n/2-1}f(x_{2j})+4\sum_{j=1}^{n/2}f(x_{2j-1})+f(b)\right]-\frac{b-a}{180}h^4f^{(4)}(\xi) \tag{4.4}$$

143

习题 4.2-1　证明例 74 的求积公式对应于在复合辛普森公式 (4.4) 中取 $n=4$。

习题 4.2-2　证明复合梯形公式的绝对误差以 $1/n^2$ 的速率衰减，而复合辛普森公式的绝对误差以 $1/n^4$ 的速率衰减，其中 n 是子区间个数。

例 75　确定可以保证用复合辛普森公式近似 $\int_1^2 x\log x\,\mathrm{d}x$ 时的绝对误差最

大为 10^{-6} 的 n。

解 复合辛普森公式的误差项为 $\frac{b-a}{180}h^4f^{(4)}(\xi)$，其中 ξ 是 $a=1$ 与 $b=2$ 之间的某个数，$h=(b-a)/n$，微分得到 $f^{(4)}(x)=2/x^3$。从而

$$\frac{b-a}{180}h^4f^{(4)}(\xi)=\frac{1}{180}h^4\frac{2}{\xi^3}\leqslant\frac{h^4}{90}$$

其中我们用了“当 $\xi\in(1,2)$ 时，$2/\xi^3\leqslant 2/1=2$”这一事实。现在使上界小于 10^{-6}，即

$$\frac{h^4}{90}\leqslant 10^{-6}\Rightarrow\frac{1}{n^4(90)}\leqslant 10^{-6}\Rightarrow n^4\geqslant\frac{10^6}{90}\approx 11\,111.11$$

这隐含着 $n\geqslant 10.27$。由于对于辛普森公式 n 必须是偶数，这意味着保证误差最大为 10^{-6} 的最小 n 值是 12。

使用下面将介绍的复合辛普森公式的 Julia 代码，我们得到 10 位数的近似值是 0.636 294 560 8。而 10 位数的准确积分值是 0.636 294 361 1，绝对误差是 2×10^{-7}，这比期望的 10^{-6} 还要好。

牛顿 – 柯特斯公式的 Julia 代码

我们给梯形公式和辛普森公式以及复合辛普森公式编写代码。给梯形公式和辛普森公式编码是直截了当的。

梯形公式

144

```
In [1]: function trap(f::Function,a,b)
            (f(a)+f(b))*(b-a)/2
        end

Out[1]: trap (generic function with 1 method)
```

我们来验证例 72 的计算：

```
In [2]: trap(x->x^x,0.5,1)

Out[2]: 0.42677669529663687
```

辛普森公式

```
In [3]: function simpson(f::Function,a,b)
            (f(a)+4f((a+b)/2)+f(b))*(b-a)/6
        end

Out[3]: simpson (generic function with 1 method)

In [4]: simpson(x->x^x,0.5,1)

Out[4]: 0.4109013813880978
```

回顾一下，辛普森公式的精度是 3，这意味着此公式对 $1,x,x^2,x^3$ 能准确积分，但对 x^4 不能。可以用这一点作为验证代码的一种方法：

```
In [5]: simpson(x->x,0,1)

Out[5]: 0.5

In [6]: simpson(x->x^2,0,1)

Out[6]: 0.3333333333333333

In [7]: simpson(x->x^3,0,1)

Out[7]: 0.25

In [8]: simpson(x->x^4,0,1)

Out[8]: 0.20833333333333334
```

145

复合辛普森公式

下面我们给复合辛普森公式编码，并验证例 75 的结果。注意，数列的下标在代码中是从 1 而不是从 0 开始的，所以这个公式看上去稍有不同。

```
In [9]: function compsimpson(f::Function,a,b,n)
            h=(b-a)/n
            nodes=Array{Float64}(undef,n+1)
            for i in 1:n+1
                nodes[i]=a+(i-1)h
            end
            sum=f(a)+f(b)
```

```
        for i in 3:2:n-1
            sum=sum+2*f(nodes[i])
        end
        for i in 2:2:n
            sum=sum+4*f(nodes[i])
        end
        return(sum*h/3)
    end
```

```
Out[9]: compsimpson (generic function with 1 method)
```

```
In [10]: compsimpson(x->x*log(x),1,2,12)
```

```
Out[10]: 0.636294560831306
```

习题 4.2-3 确定估算

$$\int_0^2 \frac{1}{x+1}\,\mathrm{d}x$$

时使得精度在 10^{-4} 以内的 n 值，并用复合梯形公式和复合辛普森公式计算该近似值。

146

复合公式和舍入误差

我们在复合公式中增大 n 以减少误差时，要估算的函数个数也增加了。一个自然的问题是舍入误差会不会被积累并导致问题。值得注意的是，答案是否定的。假设与计算 $f(x)$ 有关的舍入误差对所有的 x 都是以某个正常数 ε 为界，然后尝试计算复合辛普森公式的舍入误差。因为每个函数的估值都包含了（最大）误差 ε，所以总的误差为

$$\begin{aligned}\frac{h}{3}\left[\varepsilon+2\sum_{j=1}^{n/2-1}\varepsilon+4\sum_{j=1}^{n/2}\varepsilon+\varepsilon\right] &\leqslant \frac{h}{3}\left[\varepsilon+2\left(\frac{n}{2}-1\right)\varepsilon+4\left(\frac{n}{2}\right)\varepsilon+\varepsilon\right]\\ &=\frac{h}{3}(3n\varepsilon)=hn\varepsilon\end{aligned}$$

它以 $hn\varepsilon$ 为界。可是，由于 $h=(b-a)/n$，这个界简化为 $(b-a)\varepsilon$。所以，无论 n 多大都没有关系，即无论要估值的函数个数有多少，舍入误差都以常数 $(b-a)\varepsilon$ 为界，它仅取决于区间的大小。

习题 4.2-4（这个问题表明数值积分对于函数值的误差是稳定的）　设函数值 $f(x_i)$ 被估算为 $\tilde{f}(x_i)$，从而对任何 $x_i \in (a,b)$，$|f(x_i)-\tilde{f}(x_i)|<\varepsilon$。当数值积分 $\sum w_i f(x_i)$ 可以被准确地计算为 $\sum w_i \tilde{f}(x_i)$ 时，求它的误差上界。

4.3　高斯求积公式

牛顿 – 柯特斯公式是整合了插值多项式和等距节点而得到的。等距节点对推导复合公式的简单表达式很方便。但等距节点不一定是最佳设置。比如说，梯形公式是通过对一个连接被积函数两端点的线性函数进行积分来近似所求积分。画一个简单的抛物线的草图就能看出这不是最佳选择。

高斯求积公式的想法如下：在数值积分公式

$$\int_a^b f(x)\,\mathrm{d}x \approx \sum_{i=1}^{n} w_i f(x_i)$$

中，选择 x_i 和 w_i 使求积公式具有最高可能的精度。注意，不像牛顿 – 柯特斯公式那样从 x_0 开始标记节点，高斯求积公式的第一个节点是 x_1。这种符号上的不同在文献中很常见，每种选择可使相应理论中随后的方程更容易理解。　147

例 76　设 $(a,b)=(-1,1)$ 和 $n=2$，求出“最好的” x_i 和 w_i。

这里有 4 个参数要确定：x_1,x_2,w_1,w_2。我们需要 4 个约束。要求该公式对以下函数能准确求积：$f(x)=1, f(x)=x, f(x)=x^2$ 和 $f(x)=x^3$。

如果该公式对 $f(x)=1$ 能准确求积，则 $\int_{-1}^{1}\mathrm{d}x=\sum_{i=1}^{2}w_i$，即 $w_1+w_2=2$。如果该公式对 $f(x)=x$ 能准确求积，则 $\int_{-1}^{1}x\,\mathrm{d}x=\sum_{i=1}^{2}w_i x_i$，即 $w_1x_1+w_2x_2=0$。对 $f(x)=x^2$ 和 $f(x)=x^3$ 如此继续，我们得到以下方程：

$$\begin{aligned}
w_1+w_2&=2\\
w_1x_1+w_2x_2&=0\\
w_1x_1^2+w_2x_2^2&=\frac{2}{3}\\
w_1x_1^3+w_2x_2^3&=0
\end{aligned}$$

解出这些方程得到：$w_1 = w_2 = 1, x_1 = \frac{-\sqrt{3}}{3}, x_2 = \frac{\sqrt{3}}{3}$。因此，这个求积公式是：

$$\int_{-1}^{1} f(x)\,\mathrm{d}x \approx f\left(\frac{-\sqrt{3}}{3}\right) + f\left(\frac{\sqrt{3}}{3}\right)$$

观察到：

- 这两节点在 $(-1,1)$ 上是不等距的。
- 这个公式的精度是 3，但它仅仅用了两个节点。回想一下，辛普森公式的精度也是 3，而它要用 3 个节点。总之，仅使用 n 个节点的高斯求积公式给出 $2n-1$ 的精度。

在上述简单例子中，我们能解出节点和权数，但当节点数增加时，由此产生的非线性方程组将非常难解。还有一种用正交多项式理论的替代方法，稍后我们将详细讨论这个问题。这里我们将用一组特定的称为勒让德多项式的正交多项式 $\{L_0(x), L_1(x), \cdots, L_n(x)\}$。我们将在下一章给出这些多项式的定义。为了这里的讨论，我们只需要这些多项式的下列性质：

148

- 对每一个 n，$L_n(x)$ 是次数为 n 的首（项系数为）一的多项式。
- 对任何次数小于 n 的多项式 $P(x)$，$\int_{-1}^{1} P(x)L_n(x)\,\mathrm{d}x = 0$。

前几个勒让德多项式为：

$$L_0(x) = 1$$

$$L_1(x) = x$$

$$L_2(x) = x^2 - \frac{1}{3}$$

$$L_3(x) = x^3 - \frac{3}{5}x$$

$$L_4(x) = x^4 - \frac{6}{7}x^2 + \frac{3}{35}$$

这些多项式如何帮助我们求出高斯求积公式的节点和权数呢？答案很简单：勒让德多项式的**根**就是求积公式的**节点**！

总结起来，在 $(-1,1)$ 上 f 的**高斯－勒让德求积公式**是

$$\int_{-1}^{1} f(x)\,\mathrm{d}x = \sum_{i=1}^{n} w_i f(x_i)$$

其中 $x_1, x_2, \cdots, x_n$ 是 n 次勒让德多项式的根，而权数要用下述定理来计算。

定理 77　假设 $x_1, x_2, \cdots, x_n$ 是 n 次勒让德多项式 $L_n(x)$ 的根，权数由下式给出：

$$w_i = \int_{-1}^{1} \prod_{j=1, j\neq i}^{n} \frac{x - x_j}{x_i - x_j}\,\mathrm{d}x$$

则高斯—勒让德求积公式具有 $2n-1$ 的精度。也就是说，如果 $P(x)$ 是任何次数小于或等于 $2n-1$ 的多项式，则

$$\int_{-1}^{1} P(x)\,\mathrm{d}x = \sum_{i=1}^{n} w_i P(x_i)$$

证明　让我们从次数小于 n 的多项式 $P(x)$ 开始。构作使用以 $x_1, \cdots, x_n$ 为节点的对 $P(x)$ 的勒让德插值

$$P(x) = \sum_{i=1}^{n} P(x_i) l_i(x) = \sum_{i=1}^{n} \prod_{j=1, j\neq i}^{n} \frac{x - x_j}{x_i - x_j} P(x_i)$$

上式没有误差项，这是因为误差项取决于 $P(x)$ 的 n 阶导数，而 $P(x)$ 是次数小于 n 的多项式，因此导数为 0。对上式两边积分得到　149

$$\begin{aligned}
\int_{-1}^{1} P(x)\,\mathrm{d}x &= \int_{-1}^{1} \left[\sum_{i=1}^{n} \prod_{j=1, j\neq i}^{n} \frac{x - x_j}{x_i - x_j} P(x_i)\right] \mathrm{d}x \\
&= \int_{-1}^{1} \left[\sum_{i=1}^{n} P(x_i) \prod_{j=1, j\neq i}^{n} \frac{x - x_j}{x_i - x_j}\right] \mathrm{d}x \\
&= \sum_{i=1}^{n} \left[\int_{-1}^{1} P(x_i) \prod_{j=1, j\neq i}^{n} \frac{x - x_j}{x_i - x_j}\,\mathrm{d}x\right] \\
&= \sum_{i=1}^{n} \left[\int_{-1}^{1} \prod_{j=1, j\neq i}^{n} \frac{x - x_j}{x_i - x_j}\,\mathrm{d}x\right] P(x_i) \\
&= \sum_{i=1}^{n} w_i P(x_i)
\end{aligned}$$

所以定理对次数小于 n 的多项式是正确的。现在设 $P(x)$ 是次数大于或等于 n 但小于或等于 $2n-1$ 的多项式。$P(x)$ 除以勒让德多项式 $L_n(x)$ 得到

$$P(x) = Q(x)L_n(x) + R(x)$$

注意

$$P(x_i) = Q(x_i)L_n(x_i) + R(x_i) = R(x_i)$$

因为 $L_n(x_i) = 0$，$i = 1, 2, \cdots, n$。同时，观察到下列事实：

1. 因为 $Q(x)$ 是次数小于 n 的多项式，且有勒让德多项式的第二个性质，所以 $\int_{-1}^{1} Q(x)L_n(x)\,\mathrm{d}x = 0$。
2. 因为 $R(x)$ 是次数小于 n 的多项式，且有第一部分的证明，所以 $\int_{-1}^{1} R(x)\,\mathrm{d}x = \sum_{i=1}^{n} w_i R(x_i)$。

把这些事实放在一起，我们就得到

$$\begin{aligned}\int_{-1}^{1} P(x)\,\mathrm{d}x &= \int_{-1}^{1} [Q(x)L_n(x) + R(x)]\,\mathrm{d}x \\ &= \int_{-1}^{1} R(x)\,\mathrm{d}x = \sum_{i=1}^{n} w_i R(x_i) \\ &= \sum_{i=1}^{n} w_i P(x_i)\end{aligned}$$

□

150 表 4.1 列出了勒让德多项式 L_2, L_3, L_4, L_5 的根及对应的权数。

例 78 用高斯 – 勒让德求积公式与 $n = 3$ 个节点来近似 $\int_{-1}^{1} \cos x\,\mathrm{d}x$。

解 从表 4.1 与用 2 位数的舍入，我们有

$$\int_{-1}^{1} \cos x\,\mathrm{d}x \approx 0.56\cos(-0.77) + 0.89\cos 0 + 0.56\cos(0.77) = 1.69$$

而真正的解是 $\sin(1) - \sin(-1) = 1.68$。

迄今为止，我们讨论了在区间 $(-1, 1)$ 上的函数的积分。如果我们有一个不同的积分域呢？答案很简单：使用变量代换！为计算对任何 $a < b$ 的积分

表 4.1　勒让德多项式 $L_2 \sim L_5$ 的根及对应的权数

n	根	权数
2	$\frac{1}{\sqrt{3}} = 0.577\ 350\ 2692$	1
	$-\frac{1}{\sqrt{3}} = -0.577\ 350\ 2692$	1
3	$-\left(\frac{3}{5}\right)^{1/2} = -0.774\ 596\ 669\ 2$	$\frac{5}{9} = 0.555\ 555\ 555\ 6$
	0.0	$\frac{8}{9} = 0.888\ 888\ 888\ 9$
	$\left(\frac{3}{5}\right)^{1/2} = 0.774\ 596\ 669\ 2$	$\frac{5}{9} = 0.555\ 555\ 555\ 6$
4	0.861 136 311 6	0.347 854 845 1
	0.339 981 043 6	0.652 145 154 9
	−0.339 981 043 6	0.652 145 154 9
	−0.861 136 311 6	0.347 854 845 1
5	0.906 179 845 9	0.236 926 885 0
	0.538 469 310 1	0.478 628 670 5
	0.0	0.568 888 888 9
	−0.538 469 310 1	0.478 628 670 5
	−0.906 179 845 9	0.236 926 885 0

$\int_a^b f(x)\,\mathrm{d}x$，我们用下面的变量代换：

$$t = \frac{2x-a-b}{b-a} \Leftrightarrow x = \frac{1}{2}[(b-a)t+a+b]$$

通过这个替换，我们得到

$$\int_a^b f(x)\,\mathrm{d}x = \frac{b-a}{2}\int_{-1}^{1} f\left(\frac{1}{2}[(b-a)t+a+b]\right)\mathrm{d}t$$

151

现在我们可以像以前那样来近似右边的积分了。

例 79　用高斯 - 勒让德求积公式与 $n=2$ 个节点来近似 $\int_{0.5}^{1} x^x\,\mathrm{d}x$。

解　用 $x = \frac{1}{2}(0.5t+1.5) = \frac{1}{2}\left(\frac{t}{2}+\frac{3}{2}\right) = \frac{t+3}{4}$, $\mathrm{d}x = \frac{\mathrm{d}t}{4}$ 来变换积分，得到

$$\int_{0.5}^{1} x^x\,\mathrm{d}x = \frac{1}{4}\int_{-1}^{1}\left(\frac{t+3}{4}\right)^{(t+3)/4}\mathrm{d}t$$

在 $n=2$ 时，用 6 位有效数，有

$$\frac{1}{4}\int_{-1}^{1}\left(\frac{t+3}{4}\right)^{(t+3)/4}\mathrm{d}t \approx \frac{1}{4}\left[\left(\frac{1}{4\sqrt{3}}+\frac{3}{4}\right)^{(1/4\sqrt{3}+3/4)}+\left(-\frac{1}{4\sqrt{3}}+\frac{3}{4}\right)^{(1/4\sqrt{3}+3/4)}\right]$$
$$=0.410\,759$$

下面我们用 Julia 来计算 5 个节点的积分。

高斯 – 勒让德 5 个节点求积公式的 Julia 代码

下面的代码是用高斯 – 勒让德求积公式与 $n=5$ 个节点来计算 $\int_{-1}^{1} f(x)\,\mathrm{d}x$ (In [1]), 节点和权数见表 4.1, 并用代码来计算 $\frac{1}{4}\int_{-1}^{1}\left(\frac{t+3}{4}\right)^{(t+3)/4}\mathrm{d}t$ (In [2])。

```
In [1]: function gauss(f::Function)
            0.2369268851*f(-0.9061798459)+
            0.2369268851*f(0.9061798459)+
            0.5688888889*f(0)+
            0.4786286705*f(0.5384693101)+
            0.4786286705*f(-0.5384693101)
        end

Out[1]: gauss (generic function with 1 method)

In [2]: 0.25*gauss(t->(t/4+3/4)^(t/4+3/4))

Out[2]: 0.41081564812239885
```

152

下面的定理是关于高斯 – 勒让德公式的误差。它的证明可以在参考文献 [3] 中找到。特别地，定理显示了用 n 节点的求积公式的精度是 $2n-1$。

定理 80　设 $f\in C^{2n}[-1,1]$。高斯 – 勒让德公式的误差为：对某个 $\xi\in(-1,1)$，满足

$$\int_a^b f(x)\,\mathrm{d}x-\sum_{i=1}^{n} w_i f(x_i)=\frac{2^{2n+1}(n!)^4}{(2n+1)\left[(2n)!\right]^2}\frac{f^{(2n)}(\xi)}{(2n)!}$$

用斯特林公式 (Stirling's formula) $n!\sim \mathrm{e}^{-n}n^n(2\pi n)^{1/2}$ （其中符号 $\sim$ 意味着它两边的比率在 $n\to\infty$ 时收敛到 1)。可以证明

$$\frac{2^{2n+1}(n!)^4}{(2n+1)\left[(2n)!\right]^2}\sim\frac{\pi}{4^n}$$

这就是说，高斯 – 勒让德公式的误差以 $1/4^n$ 的指数速率衰减，作为对比，例如，复合辛普森公式是以 $1/n^4$ 的多项式速率衰减。

习题 4.3-1 求证：对任何 n 的高斯 – 勒让德求积公式的权数之和为 2。

习题 4.3-2 对 $\int_1^{1.5} x^2 \log x \, \mathrm{d}x$ 用高斯 – 勒让德公式以及 $n=2$ 与 $n=3$ 个节点近似。将近似值与积分的准确值比较。

习题 4.3-3 复合高斯 – 勒让德公式可以类比复合牛顿 – 柯特斯公式那样来得到。考虑 $\int_0^2 \mathrm{e}^x \, \mathrm{d}x$。把区间 $(0,2)$ 分为两个子区间 $(0,1),(1,2)$，并把两节点的高斯 – 勒让德公式用于每个子区间。将近似值与 4 个节点的高斯 – 勒让德公式用于整个区间 $(0,2)$ 所得的近似值比较。

153

4.4 多重积分

我们已讨论过的数值积分法可以推广到高维（多重）积分。我们将考虑二维（二重）积分

$$\iint_R f(x,y) \, \mathrm{d}A$$

定义域 R 决定了推广我们以前学过的一维公式的难易程度。最简单的情况是矩形定义域 $R=\{(x,y)|a \leqslant x \leqslant b, c \leqslant y \leqslant d\}$。然后我们可以把这二重积分写为逐次积分

$$\iint_R f(x,y) \, \mathrm{d}A = \int_a^b \left(\int_c^d f(x,y) \, \mathrm{d}y \right) \mathrm{d}x$$

考虑数值积分公式

$$\int_a^b f(x) \, \mathrm{d}x \approx \sum_{i=1}^{n} w_i f(x_i)$$

把 n_2 节点的公式用于内层积分，得到近似值

$$\int_a^b \left(\sum_{j=1}^{n_2} w_j f(x,y_j) \right) \mathrm{d}x$$

其中的 y_j 是节点。通过互换积分与求和式，改写为

$$\sum_{j=1}^{n_2} w_j \left(\int_a^b f(x, y_j)\,\mathrm{d}x \right)$$

再用 n_1 节点的求积公式得到近似值

$$\sum_{j=1}^{n_2} w_j \left(\sum_{i=1}^{n_1} w_i f(x_i, y_j) \right)$$

这就给出了二维公式

154

$$\int_a^b \left(\int_c^d f(x,y)\,\mathrm{d}y \right) \mathrm{d}x \approx \sum_{j=1}^{n_2} \sum_{i=1}^{n_1} w_i w_j f(x_i, y_j)$$

为简单起见，我们在上面的推导中省略了误差项，但要包括它也是简单的。

作为例子，让我们来推导求下述积分的二维高斯 – 勒让德公式

$$\int_0^1 \int_0^1 f(x,y)\,\mathrm{d}y\,\mathrm{d}x \tag{4.5}$$

其中每个坐标轴用两个节点。注意，每个积分都要变换到 $(-1,1)$。从内层积分 $\int_0^1 f(x,y)\,\mathrm{d}y$ 开始，并用

$$t = 2y - 1,\ \mathrm{d}t = 2\,\mathrm{d}y$$

把它变换为

$$\frac{1}{2} \int_{-1}^1 f\left(x, \frac{t+1}{2}\right) \mathrm{d}t$$

然后用两节点的高斯 – 勒让德公式得到近似值

$$\frac{1}{2} \left(f\left(x, \frac{-1/\sqrt{3}+1}{2}\right) + f\left(x, \frac{1/\sqrt{3}+1}{2}\right) \right)$$

把该近似值代入式 (4.5) 的内层积分，得到

$$\int_0^1 \frac{1}{2}\left(f\left(x, \frac{-1/\sqrt{3}+1}{2}\right)+f\left(x, \frac{1/\sqrt{3}+1}{2}\right)\right) \mathrm{d}x$$

现在把这个积分用

$$s=2x-1, \mathrm{d}s=2\,\mathrm{d}x$$

变换到 $(-1,1)$，得到

$$\frac{1}{4}\int_0^1\left(f\left(\frac{s+1}{2}, \frac{-1/\sqrt{3}+1}{2}\right)+f\left(\frac{s+1}{2}, \frac{1/\sqrt{3}+1}{2}\right)\right) \mathrm{d}s$$

再由高斯 – 勒让德公式得到

$$\begin{aligned}\frac{1}{4}\bigg[&f\left(\frac{-1/\sqrt{3}+1}{2}, \frac{-1/\sqrt{3}+1}{2}\right)+f\left(\frac{-1/\sqrt{3}+1}{2}, \frac{1/\sqrt{3}+1}{2}\right)\\&+f\left(\frac{1/\sqrt{3}+1}{2}, \frac{-1/\sqrt{3}+1}{2}\right)+f\left(\frac{1/\sqrt{3}+1}{2}, \frac{1/\sqrt{3}+1}{2}\right)\bigg]\end{aligned} \tag{4.6}$$

155

图 4.1 显示了用在上述计算中的节点。

下面我们推导对同一个积分 $\int_0^1\int_0^1 f(x,y)\,\mathrm{d}y\,\mathrm{d}x$ 的二维辛普森公式，使用 $n=2$，它对应于辛普森公式的 3 个节点（回忆一下，n 是高斯 – 勒让德公式的节点数，而 $n+1$ 是牛顿 – 柯特斯公式的节点数）。

内层积分被近似为

$$\int_0^1 f(x,y)\,\mathrm{d}y \approx \frac{1}{6}(f(x,0)+4f(x,0.5)+f(x,1))$$

把该近似值代入 $\int_0^1\left(\int_0^1 f(x,y)\,\mathrm{d}y\right)\mathrm{d}x$ 的内层积分，得到

$$\frac{1}{6}\int_0^1 (f(x,0)+4f(x,0.5)+f(x,1))\,\mathrm{d}x$$

再次对此积分应用 $n=2$ 的辛普森公式，得到最后的近似值：

$$\frac{1}{6}\left[\frac{1}{6}\left(f(0,0)+4f(0,0.5)+f(0,1)+4(f(0.5,0)+4f(0.5,0.5)+f(0.5,1))\right.\right.$$
$$\left.\left.+f(1,0)+4f(1,0.5)+f(1,1)\right)\right] \tag{4.7}$$

图 4.2 显示了用在上述计算中的节点。

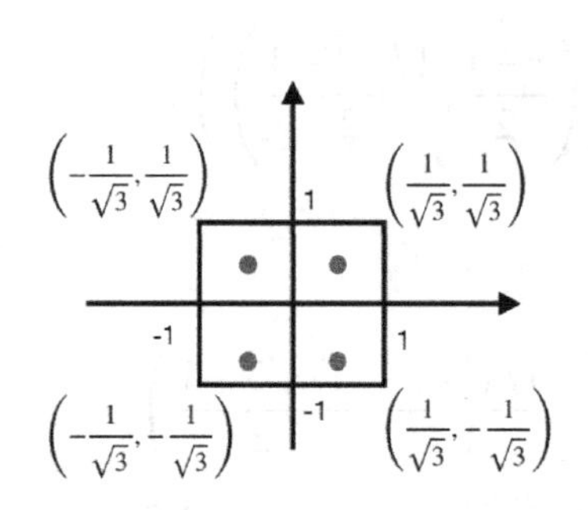

图 4.1　二重高斯 - 勒让德公式的节点

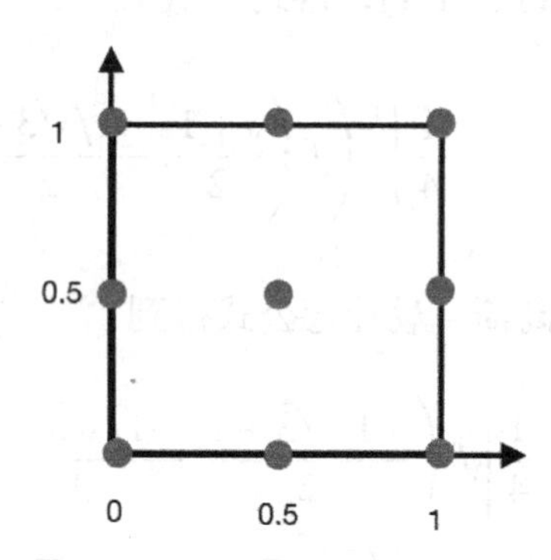

图 4.2　二重辛普森公式的节点

举一个具体的例子，考虑积分

$$\int_0^1\int_0^1\left(\frac{\pi}{2}\sin\pi x\right)\left(\frac{\pi}{2}\sin\pi y\right)\mathrm{d}y\,\mathrm{d}x$$

156

这个积分可以准确计算，它的值是 1。它被用作数值求积公式的测试积分。

用 $f(x,y)=\left(\frac{\pi}{2}\sin\pi x\right)\left(\frac{\pi}{2}\sin\pi y\right)$ 计算等式 (4.6) 和 (4.7) 的函数值，我们得到下表所给的近似值：

辛普森公式（9 个节点）	高斯 - 勒让德公式（4 个节点）	准确积分值
1.0966	0.936 85	1

高斯 - 勒让德公式给出了一个比辛普森公式稍好的估值，但只用了不到一半的节点。

我们已经讨论过的方法可以被推广到非长方形区域和更高的维数。更多的详情，包括用辛普森公式和高斯 - 勒让德公式对二、三重积分的算法，可以

在参考文献 [4] 中找到。

在我们把一维求积公式推广到高维时所用的方法中有一个明显的缺点。想象一下，一个数值积分的维数是 360，这样高的维数出现在金融工程的某些问题中。即使我们对每个维度用两个节点，节点总数也会是 2^{360}，它大约是一个过大的数 10^{100}。在非常高的维度，数值积分仅有的一般方法是蒙特卡罗 方法（Monte Carlo method）。在蒙特卡罗方法中，我们从积分区域中产生虚拟随机数，并估算被积函数在这些点上的平均值。换句话说，

$$\int_R f(x)\,\mathrm{d}x \approx \frac{1}{n}\sum_{i=1}^{n} f(x_i)$$

其中 x_i 是在 R 上平均分布的虚拟随机数向量。对于以前我们讨论过的二维积分，蒙特卡罗近似是

$$\int_a^b\int_c^d f(x,y)\,\mathrm{d}y\,\mathrm{d}x \approx \frac{(b-a)(d-c)}{n}\sum_{i=1}^{n} f(a+(b-a)x_i, c+(d-c)y_i) \tag{4.8}$$

其中，x_i, y_i 是在 (0，1) 上的虚拟随机数。在 Julia 中，函数 rand() 产生 (0,1) 中平均分布的虚拟随机数。代码 In [1] 部分取区间的端点 a,b,c,d 与节点个数 n（这在蒙特卡罗文献中称为样本尺寸）作为输入，返回用等式 (4.8) 得到的积分近似值。代码 In [2] 用蒙特卡罗方法估算 $\int_0^1\int_0^1\left(\frac{\pi}{2}\sin\pi x\right)\left(\frac{\pi}{2}\sin\pi y\right)\mathrm{d}y\,\mathrm{d}x$。[⊖]

157

```
In [1]: function mc(f::Function,a,b,c,d,n)
            sum=0.
            for i in 1:n
                sum=sum+f(a+(b-a)*rand(),c+(d-c)*rand())*(b-a)*(d-c)
            end
            return sum/n
        end

Out[1]: mc (generic function with 1 method)

In [2]: mc((x,y)->(pi^2/4)*sin(pi*x)*sin(pi*y),0,1,0,1,500)

Out[2]: 0.9441778334708931
```

⊖ 注意，因为用的随机数，所以每次运行的结果不相同，但相差不大。

用 $n=500$，我们得到蒙特卡罗估值 0.944 178。蒙特卡罗法的优点是它的简易性：上述代码可以很容易推广到高维。它的缺点是收敛速率低，为 $O(1/\sqrt{n})$。图 4.3 显示了来自单位正方形的 500 个虚拟随机数。

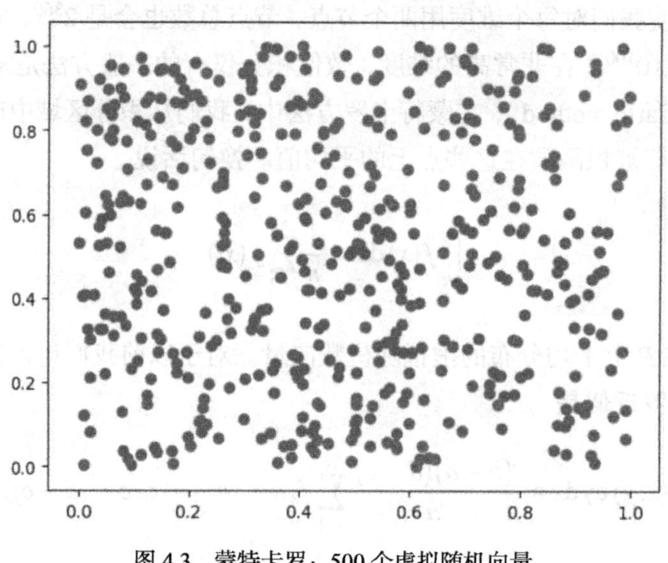

158

图 4.3　蒙特卡罗：500 个虚拟随机向量

例 81　物理应用的需要（诸如在原子、核和分子物理学中量子力学矩阵元素的计算）激励卡普斯蒂和凯斯特（见参考文献 [5]）讨论一些高维的测试积分，有些有解析解。其中有已知解的一个积分是

$$\int_{\mathbb{R}^s} \cos(\|t\|)\mathrm{e}^{-\|t\|^2}\,\mathrm{d}t_1\,\mathrm{d}t_2\cdots\mathrm{d}t_s$$

其中 $\|t\|=(t_1^2+\cdots+t_s^2)^{1/2}$。这个积分可以变换为一个 s 维单位立方体上的积分：

$$\pi^{s/2}\int_{(0,1)^s}\cos\left[\left(\frac{(F^{-1}(x_1))^2+\cdots+(F^{-1}(x_s))^2}{2}\right)^{1/2}\right]\mathrm{d}x_1\,\mathrm{d}x_2\cdots\mathrm{d}x_s \tag{4.9}$$

其中 F^{-1} 是标准正态分布的累积分布函数的反函数：

$$F(x)=\frac{1}{(2\pi)^{1/2}}\int_{-\infty}^{x}\mathrm{e}^{-s^2/2}\,\mathrm{d}s$$

我们用蒙特卡罗方法把积分式 (4.9) 估算为

$$\frac{\pi^{s/2}}{n}\sum_{i=1}^{n}\cos\left[\left(\frac{(F^{-1}(x_1^{(i)}))^2+\cdots+(F^{-1}(x_s^{(i)}))^2}{2}\right)^{1/2}\right]$$

其中 $x^{(i)}=(x_1^{(i)},\cdots,x_s^{(i)})$ 是一个 s 维的在 0 与 1 之间平均分布的随机数向量。

下面的算法称为比斯利 – 施普林格 – 莫罗算法（Beasley-Springer-Moro algorithm）[8]，它给出 $F^{-1}(x)$ 的近似值。

```
In [1]: using PyPlot
```

```
In [2]: function invNormal(u::Float64)
            # Beasley-Springer-Moro algorithm
            a0=2.50662823884
            a1=-18.61500062529
            a2=41.39119773534
            a3=-25.44106049637
            b0=-8.47351093090
            b1=23.08336743743
            b2=-21.06224101826
            b3=3.13082909833
            c0=0.3374754822726147
            c1=0.9761690190917186
            c2=0.1607979714918209
            c3=0.0276438810333863
            c4=0.0038405729373609
            c5=0.0003951896511919
            c6=0.0000321767881768
            c7=0.0000002888167364
            c8=0.0000003960315187
            y=u-0.5
            if abs(y)<0.42
                r=y*y
                x=y*(((a3*r+a2)*r+a1)*r+a0)/
                ((((b3*r+b2)*r+b1)*r+b0)*r+1)
            else
                r=u
                if(y >0)
                    r=1-u
                end
                r=log(-log(r))
```

159

```
            x=c0+r*(c1+r*(c2+r*(c3+r*(c4+
            r*(c5+r*(c6+r*(c7+r*c8))))))))
            if(y<0)
                x=-x
            end
        end
        return x
    end
```

```
Out[2]: invNormal (generic function with 1 method)
```

下面是该积分的蒙特卡罗估算。它取维数 s 和样本尺寸 n 作为输入。

160

```
In [3]: function mc(s,n)
            est=0
            for j in 1:n
                sum=0
                for i in 1:s
                    sum=sum+(invNormal(rand()))^2
                end
                est=est+cos((sum/2)^0.5)
            end
            return pi^(s/2)*est/n
        end
```

```
Out[3]: mc (generic function with 1 method)
```

在 $s=25$ 时，准确的积分值是 $1.356\,914\times10^6$。下面的代码计算样本尺寸为 n 时蒙特卡罗近似值的相对误差。

```
In [4]: relerror(n)=abs(mc(25,n)+1.356914*10^6)/(1.356914*10^6)
```

```
Out[4]: relerror (generic function with 1 method)
```

让我们通过图来显示出某些蒙特卡罗近似值的相对误差。首先，我们产生从 50 000 到 1 000 000 以 50 000 为增量的样本尺寸。

```
In [5]: samples=[n for n in 50000:50000:1000000];
```

对每一个样本尺寸，我们计算它的相对误差，然后通过图显示出结果。

```
In [6]: error=[relerror(n) for n in samples];
```

```
In [7]: plot(samples,error)
        xlabel("Sample size (n)")
        ylabel("Relative error");
```

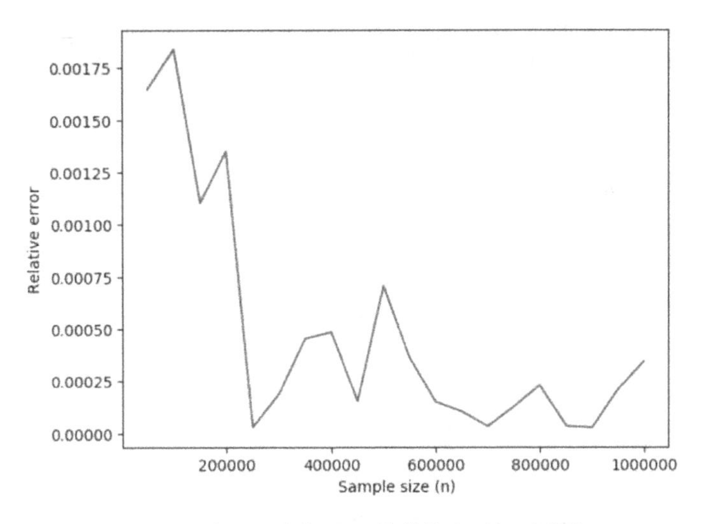

图 4.4　关于积分式 (4.9) 的蒙特卡罗相对误差

161

4.5　广义积分

到目前为止，我们已学过的求积公式还不能用于诸如 $\int_a^b f(x)\,\mathrm{d}x$ 在 $a,b=\pm\infty$ 时，或 a 和 b 是有限值但 f 在其中一个或两个端点不连续时的积分（或不能用于性能较差的积分）：回忆一下，牛顿 - 柯特斯和高斯 - 勒让德公式的误差界定理都需要被积函数在闭区间 $[a,b]$ 具有一些连续导数。例如，以下形式的积分

$$\int_{-1}^{1}\frac{f(x)}{\sqrt{1-x^2}}\,\mathrm{d}x$$

显然不能使用不经过任何修改的梯形公式或辛普森公式来近似，因为这两个公式都需要被积函数在两端点的值，但这里不存在。也许我们可以尝试使用高斯 - 勒让德公式，然而被积函数不满足高斯 - 勒让德公式的误差界所需的平滑条件，这一事实意味着近似值的误差可能很大。

如果可能，解决这个广义积分问题的简单办法是，改变积分变量和变换该积分成为一个良态的积分。

例 82 考虑前面的积分 $\int_{-1}^{1}\frac{f(x)}{\sqrt{1-x^2}}\mathrm{d}x$。尝试变换 $\theta=\cos^{-1}x$。于是 $\mathrm{d}\theta=-\mathrm{d}x/\sqrt{1-x^2}$，并且

$$\int_{-1}^{1}\frac{f(x)}{\sqrt{1-x^2}}\mathrm{d}x=-\int_{\pi}^{0}f(\cos\theta)\,\mathrm{d}\theta=\int_{0}^{\pi}f(\cos\theta)\,\mathrm{d}\theta$$

只要 f 在 $[0,\pi]$ 上平滑，后面的积分就能用（比如说）辛普森公式来估算。

如果积分区间是无限的，另一种可以运作的方法是把区间截断为一个有限区间。这种方法的成功取决于我们是否能够估计结果的误差。

例 83 考虑广义积分 $\int_{0}^{\infty}\mathrm{e}^{-x^2}\mathrm{d}x$。把这个积分写为

$$\int_{0}^{\infty}\mathrm{e}^{-x^2}\mathrm{d}x=\int_{0}^{t}\mathrm{e}^{-x^2}\mathrm{d}x+\int_{t}^{\infty}\mathrm{e}^{-x^2}\mathrm{d}x$$

其中 t 是要确定的“截断程度”。我们可以用求积公式来估算右边第一个积分。162 右边第二个积分是用 $\int_{0}^{t}\mathrm{e}^{-x^2}\mathrm{d}x$ 来近似 $\int_{0}^{\infty}\mathrm{e}^{-x^2}\mathrm{d}x$ 时的误差。对这个例子来说，误差的上界容易求出：注意到当 $x\geqslant t$ 时，$x^2=xx\geqslant tx$，从而

$$\int_{t}^{\infty}\mathrm{e}^{-x^2}\mathrm{d}x\leqslant\int_{t}^{\infty}\mathrm{e}^{-tx}\mathrm{d}x=\mathrm{e}^{-t^2}/t$$

当 $t=5$，$\mathrm{e}^{-t^2}/t\approx10^{-12}$，因此用 $\int_{0}^{5}\mathrm{e}^{-x^2}\mathrm{d}x$ 来近似 $\int_{0}^{\infty}\mathrm{e}^{-x^2}\mathrm{d}x$ 时，精度在 10^{-12} 以内。额外的误差来自用数值积分估算前一个（有限区间 $[0,5]$ 上的）积分。

4.6 数值微分

函数 f 在 x_0 处的微分是

$$f'(x_0)=\lim_{h\to0}\frac{f(x_0+h)-f(x_0)}{h}$$

这个公式给出了估计导数的明显方法：对小的 h，

$$f'(x_0)\approx\frac{f(x_0+h)-f(x_0)}{h}$$

但是，这个公式缺少什么呢？是不是它没有给出关于这种近似的误差的任何信息？

我们将尝试用另一种方法。类似于牛顿–柯特斯求积，我们将构建对 f 的插值多项式，然后用这个多项式的微分来近似 f 的微分。

让我们假设 $f \in C^2(a,b), x_0 \in (a,b)$ 以及 $x_0+h \in (a,b)$。对于数据 $(x_0, f(x_0))$，$(x_1, f(x_1))=(x_0+h, f(x_0+h))$，构建线性拉格朗日插值多项式 $p_1(x)$。从定理51，我们有

$$
\begin{aligned}
f(x) &= \underbrace{\frac{x-x_1}{x_0-x_1}f(x_0)+\frac{x-x_0}{x_1-x_0}f(x_1)}_{p_1(x)}+\underbrace{\frac{f''(\xi(x))}{2!}(x-x_0)(x-x_1)}_{\text{插值误差}} \\
&= \frac{x-(x_0+h)}{x_0-(x_0+h)}f(x_0)+\frac{x-x_0}{x_0+h-x_0}f(x_0+h) \\
&\quad +\frac{f''(\xi(x))}{2!}(x-x_0)(x-x_0-h) \\
&= \frac{x-x_0-h}{-h}f(x_0)+\frac{x-x_0}{h}f(x_0+h)+\frac{f''(\xi(x))}{2!}(x-x_0)(x-x_0-h)
\end{aligned}
$$

163

对 $f(x)$ 求导：

$$
\begin{aligned}
f'(x) &= -\frac{f(x_0)}{h}+\frac{f(x_0+h)}{h}+f''(\xi(x))\frac{\mathrm{d}}{\mathrm{d}x}\left[\frac{(x-x_0)(x-x_0-h)}{2}\right] \\
&\quad +\frac{(x-x_0)(x-x_0-h)}{2}\frac{\mathrm{d}}{\mathrm{d}x}\left[f''(\xi(x))\right] \\
&= \frac{f(x_0+h)-f(x_0)}{h}+\frac{2x-2x_0-h}{2}f''(\xi(x)) \\
&\quad +\frac{(x-x_0)(x-x_0-h)}{2}f'''(\xi(x))\xi'(x)
\end{aligned}
$$

在上式中，我们知道 ξ 在 x_0 与 x_0+h 之间，但不知道出现在最后一项中的 $\xi'(x)$。幸运的是，如果我们令 $x=x_0$，包括 $\xi'(x)$ 的项化为零，那么我们得到

$$
f'(x_0)=\frac{f(x_0+h)-f(x_0)}{h}-\frac{h}{2}f''(\xi(x_0))
$$

这个公式在 $h>0$ 时称为**向前差分**（forward-difference）公式，在 $h<0$ 时称为**向后差分**（backward-difference）公式。注意，从这个公式我们可以得到一个

误差界：

$$\left|f'(x_0)-\frac{f(x_0+h)-f(x_0)}{h}\right|\leqslant\frac{h}{2}\sup_{x\in(a,b)}f''(x)$$

为得到向前差分公式和向后差分公式，我们从两个点的线性拉格朗日多项式插值开始。使用更多的点和更高次的插值给出了更好的精度，但同时也增加了计算次数和舍入误差。一般地，设 $f\in C^{n+1}[a,b]$，$x_0,x_1,\cdots,x_n$ 是 $[a,b]$ 上不同的点。我们有

$$\begin{aligned}f(x)&=\sum_{k=0}^{n}f(x_k)l_k(x)+f^{(n+1)}(\xi)\frac{(x-x_0)(x-x_1)\cdots(x-x_n)}{(n+1)!}\\ \Rightarrow f'(x)&=\sum_{k=0}^{n}f(x_k)l_k'(x)+f^{(n+1)}(\xi)\frac{\mathrm{d}}{\mathrm{d}x}\left[\frac{(x-x_0)(x-x_1)\cdots(x-x_n)}{(n+1)!}\right]\\ &\quad+\frac{(x-x_0)(x-x_1)\cdots(x-x_n)}{(n+1)!}\frac{\mathrm{d}}{\mathrm{d}x}(f^{(n+1)}(\xi))\end{aligned}$$

如果 $x=x_j$，$j=0,1,\cdots,n$，那么最后一项化为零，用下面的结果：

164

$$\frac{\mathrm{d}}{\mathrm{d}x}[(x-x_0)(x-x_1)\cdots(x-x_n)]_{x=x_j}=\prod_{k=0,k\neq j}^{n}(x_j-x_k)$$

我们得到

$$f'(x_j)=\sum_{k=0}^{n}f(x_k)l_k'(x_j)+\frac{f^{(n+1)}(\xi(x_j))}{(n+1)!}\prod_{k=0,k\neq j}^{n}(x_j-x_k)\tag{4.10}$$

这称为 $(n+1)$ 点近似 $f'(x_j)$ 公式。最常见的公式使用 $n=2$ 和 $n=4$。这里我们讨论 $n=2$，即三点公式。节点是 x_0,x_1,x_2。拉格朗日基多项式和它们的微分为：

$$\begin{aligned}l_0(x)&=\frac{(x-x_1)(x-x_2)}{(x_0-x_1)(x_0-x_2)}\Rightarrow l_0'(x)=\frac{2x-x_1-x_2}{(x_0-x_1)(x_0-x_2)}\\ l_1(x)&=\frac{(x-x_0)(x-x_2)}{(x_1-x_0)(x_1-x_2)}\Rightarrow l_1'(x)=\frac{2x-x_0-x_2}{(x_1-x_0)(x_1-x_2)}\\ l_2(x)&=\frac{(x-x_0)(x-x_1)}{(x_2-x_0)(x_2-x_1)}\Rightarrow l_2'(x)=\frac{2x-x_0-x_1}{(x_2-x_0)(x_2-x_1)}\end{aligned}$$

可以把这些微分代入式 (4.10) 得到三点公式。如果节点是等距的，即 $x_1=$

$x_0+h, x_2=x_1+h=x_0+2h$，那么我们能够简化这些公式。我们得到

$$f'(x_0)=\frac{1}{2h}[-3f(x_0)+4f(x_0+h)-f(x_0+2h)]+\frac{h^2}{3}f^{(3)}(\xi_0) \tag{4.11}$$

$$f'(x_0+h)=\frac{1}{2h}[-f(x_0)+f(x_0+2h)]-\frac{h^2}{6}f^{(3)}(\xi_1) \tag{4.12}$$

$$f'(x_0+2h)=\frac{1}{2h}[f(x_0)-4f(x_0+h)+3f(x_0+2h)]+\frac{h^2}{3}f^{(3)}(\xi_2) \tag{4.13}$$

第 1 个和第 3 个等式（式 (4.11) 和式 (4.13)）实际上是等价的。要看到这一点，首先在第 3 个等式中用 x_0-2h 替代 x_0，得到（忽略误差项）

$$f'(x_0)=\frac{1}{2h}[f(x_0-2h)-4f(x_0-h)+3f(x_0)]$$

然后在右边将 h 设置为 $-h$，得到 $\frac{1}{2h}[-f(x_0+2h)+4f(x_0+h)-3f(x_0)]$，这就给出了第 1 个等式。

因此我们仅有两个不同的等式：式 (4.11) 和式 (4.12)。通过在式 (4.12) 中用 x_0-h 替代 x_0，把这些等式改写在下面，从而我们得到两个不同的关于 $f'(x_0)$ 的公式：

$$f'(x_0)=\frac{-3f(x_0)+4f(x_0+h)-f(x_0+2h)}{2h}+\frac{h^2}{3}f^{(3)}(\xi_0)\rightarrow \text{三点的端点公式}$$

$$f'(x_0)=\frac{f(x_0+h)-f(x_0-h)}{2h}-\frac{h^2}{6}f^{(3)}(\xi_1)\rightarrow \text{三点的中点公式}$$

165

三点的中点公式有一些优点：它只有端点公式的一半误差，而且少估算一项函数。如果我们并不知道在一边的 f 值（这是 x_0 靠近一个端点时会发生的情况），此时端点公式是有用的。

例 84 下表给出了 $f(x)=\sin x$ 的一些值。用合适的三点公式来估算 $f'(0.1), f'(0.3)$。

x	$f(x)$
0.1	0.099 83
0.2	0.198 67
0.3	0.295 52
0.4	0.389 42

解 为估算 $f'(0.1)$，设置 $x_0=0.1$ 和 $h=0.1$。注意，我们只能用三点的端点

公式。

$$f'(0.1) \approx \frac{1}{0.2}(-3(0.099\,83)+4(0.198\,67)-0.295\,52)=0.998\,35$$

准确的答案是 $\cos 0.1 = 0.995\,004$。

为估算 $f'(0.3)$，我们可以用中点公式：

$$f'(0.3) \approx \frac{1}{0.2}(0.389\,42-0.198\,67)=0.953\,75$$

准确的答案是 $\cos 0.3 = 0.955\,336$，因此绝对误差是 1.59×10^{-3}。如果我们用端点公式来估算 $f'(0.3)$，那么设置 $h=-0.1$，并计算

$$f'(0.3) \approx \frac{1}{-0.2}(-3(0.295\,52)+4(0.198\,67)-0.099\,83)=0.958\,55$$

它有绝对误差 3.2×10^{-3}。

习题 4.6-1　在某些应用中，我们希望从实验数据中估算一个未知函数的微分。但实验数据通常伴有“噪声”，即由数据收集、数据报告或某些其他原因产生的误差。在这个习题中，我们将研究微分公式在存在噪声的情况下的稳定性。考虑下面从 $y=e^x$ 得到的数据，这些数据准确到 6 位数，我们要估算 $f'(1.01)$：

x	1.00	1.01	1.02
$f(x)$	2.718 28	2.745 60	2.773 19

166

用三点的中点公式，得到 $f'(1.01)=\dfrac{2.773\,19-2.718\,28}{0.02}=2.7455$。准确值是 $f'(1.01)=e^{1.01}=2.745\,60$。由舍入产生的相对误差是 3.6×10^{-5}。

下面我们在数据中加入一些噪声：我们增加 2.773 19 的 10%，达到 3.050 509，而把 2.718 28 减少 10%，变成 2.446 452。下面是噪声数据：

x	1.00	1.01	1.02
$f(x)$	**2.446 452**	2.745 60	**3.050 509**

用噪声数据估算 $f'(1.01)$，并计算它的相对误差。这个相对误差与无噪声数据的相对误差相比，结果如何？

下面我们探讨如何估算 f 的二次导数。可以采用与估算 f' 类似的方法，用插值多项式的二次导数作为近似值。这里我们将使用泰勒展开讨论另一种方法。在 x_0 点展开 f，并计算它在 x_0+h 和 x_0-h 的值：

$$f(x_0+h)=f(x_0)+hf'(x_0)+\frac{h^2}{2}f''(x_0)+\frac{h^3}{6}f^{(3)}(x_0)+\frac{h^4}{24}f^{(4)}(\xi_+)$$
$$f(x_0-h)=f(x_0)-hf'(x_0)+\frac{h^2}{2}f''(x_0)-\frac{h^3}{6}f^{(3)}(x_0)+\frac{h^4}{24}f^{(4)}(\xi_-)$$

其中 ξ_+ 在 x_0 和 x_0+h 之间，ξ_- 在 x_0 和 x_0-h 之间。将两等式相加，得到

$$f(x_0+h)+f(x_0-h)=2f(x_0)+h^2f''(x_0)+\frac{h^4}{24}\left[f^{(4)}(\xi_+)+f^{(4)}(\xi_-)\right]$$

解出 $f''(x_0)$，得到

$$f''(x_0)=\frac{f(x_0+h)-2f(x_0)+f(x_0-h)}{h^2}-\frac{h^2}{24}\left[f^{(4)}(\xi_+)+f^{(4)}(\xi_-)\right]$$

注意，$\frac{f^{(4)}(\xi_+)+f^{(4)}(\xi_-)}{2}$ 是介于 $f^{(4)}(\xi_+)$ 与 $f^{(4)}(\xi_-)$ 的数，所以由介值定理 6，我们可以得出结论：存在某个介于 ξ_+ 和 ξ_- 的数 ξ，使得

$$f^{(4)}(\xi)=\frac{f^{(4)}(\xi_+)+f^{(4)}(\xi_-)}{2}$$

于是，上述公式可以简化为

$$f''(x_0)=\frac{f(x_0+h)-2f(x_0)+f(x_0-h)}{h^2}-\frac{h^2}{12}f^{(4)}(\xi)$$

167

其中 ξ 是介于 x_0-h 和 x_0+h 的某个数。

数值微分和舍入误差

艾丽娅和神秘的黑盒子

大学生活充满了神秘，艾丽娅在工程学课上遇到了一个黑盒子！什么是黑盒子？它是一个计算机程序，或某个装置，当提供一个输入后，它会产生一个

输出。我们不知道这个系统的内部工作，所以它得名黑盒子。让我们把黑盒子想象为一个函数 f，并把输入和输出表达为 $x, f(x)$。当然，我们没有 f 的公式。

艾丽娅的工程学同学想做的是计算这个黑盒子里信息的导数，即 $x=2$ 时的 $f'(x)$。（给黑盒子的输入可以是任何实数。）学生们想要用三点的中点公式来估算 $f'(2)$：

$$f'(2) \approx \frac{1}{2h}[f(2+h)-f(2-h)]$$

他们争论公式中的 h 如何取值。其中一人说，h 应该取值尽可能小，例如 10^{-8}。艾丽娅表示怀疑。她喃喃自语："我知道我有时会在数值分析课上睡着，但不是所有的课都睡着了！"

168　她告诉同学关于前导数位相消的现象，并为了让观点更有说服力，她做了以下实验：设 $f(x)=e^x$，假定想计算 $f'(2)$，它是 e^2，艾丽娅用上述三点的中点公式对各种 h 值估算 $f'(2)$，并对每一种情况计算三点中点公式的近似值与准确值 e^2 之差的绝对误差。在这个实验中，$h=10^{-6}$ 给出了最小的误差：

h	10^{-4}	10^{-5}	10^{-6}	10^{-7}	10^{-8}
绝对误差	1.2×10^{-8}	1.9×10^{-10}	5.2×10^{-11}	7.5×10^{-9}	2.1×10^{-8}

理论分析

数值微分是数值不稳定的问题。为减少截断误差，我们需要减小 h，但由于在函数的导数计算中有效数位相消，这反过来增大了舍入误差。让 $e(x)$ 表示计算 $f(x)$ 时的舍入误差，从而 $f(x)=\tilde{f}(x)+e(x)$，其中 $\tilde{f}$ 是计算机给出的值。考虑三点的中点公式：

$$\begin{aligned}
&\left|f'(x_0)-\frac{\tilde{f}(x_0+h)-\tilde{f}(x_0-h)}{2h}\right| \\
=&\left|f'(x_0)-\frac{f(x_0+h)-e(x_0+h)-f(x_0-h)+e(x_0-h)}{2h}\right| \\
=&\left|f'(x_0)-\frac{f(x_0+h)-f(x_0-h)}{2h}+\frac{e(x_0-h)-e(x_0+h)}{2h}\right| \\
=&\left|-\frac{h^2}{6}f^{(3)}(\xi)+\frac{e(x_0-h)-e(x_0+h)}{2h}\right|\leqslant\frac{h^2}{6}M+\frac{\varepsilon}{h}
\end{aligned}$$

这里我们设 $|f^{(3)}(\xi)|\leqslant M$ 和 $|e(x)|\leqslant\varepsilon$。为减少截断误差 $h^2M/6$，我们会减小 h，但这会导致舍入误差 $\frac{\varepsilon}{h}$ 的增加。通过这些假设，利用微积分可以找到 h 的最优值：求极小化函数 $s(h)=\frac{Mh^2}{6}+\frac{\varepsilon}{h}$ 的 h 值。答案是 $h=\sqrt[3]{3\varepsilon/M}$。

让我们重新考虑艾丽娅发现 10^{-6} 为最佳 h 值的表格。计算是使用 Julia 来完成的，当要求 e^2 时会报告 15 位数（的结果）。让我们假设 15 位数都是准确的，并因此设 $\varepsilon=10^{-16}$。因为 $f^{(3)}(x)=e^x$，$e^2\approx7.4$，我们取 $M=7.4$，于是

$$h=\sqrt[3]{3\varepsilon/M}=\sqrt[3]{3\times10^{-16}/7.4}\approx3.4\times10^{-6}$$

169

这与艾丽娅用数字表达的最优值 10^{-6} 完全一致。

习题 4.6-2 在出现舍入误差时，使用 4.6 节的方法求出极小化下述公式中误差的最优 h 值：

$$f'(x_0)=\frac{f(x_0+h)-f(x_0)}{h}-\frac{h}{2}f''(\xi)$$

a) 考虑用上面的公式估算 $f'(1)$，其中 $f(x)=x^2$。假设舍入误差以 $\varepsilon=10^{-16}$ 为界（这是在 64 位浮点表达式中的机器容差 2^{-53}），为估算 $f'(1)$，最优的 h 值应为多少？

b) 使用 Julia 对 $n=1,2,\cdots,20$ 计算

$$f'_n(1)=\frac{f(1+10^{-n})-f(1)}{10^{-n}}$$

并描述所发生的情况。

c) 讨论（a）与（b）所得结果以及它们之间的关系。

习题 4.6-3　函数 $\int_0^x \frac{1}{\sqrt{2\pi}}\mathrm{e}^{-t^2/2}\,\mathrm{d}t$ 与标准正态随机变量的分布函数有关，这是在概率统计中非常重要的分布。我们经常想从方程

$$\int_0^x \frac{1}{\sqrt{2\pi}}\mathrm{e}^{-t^2/2}\,\mathrm{d}t=z \tag{4.14}$$

中解出 x，其中 z 是 0 与 1 之间的某个实数。这可以通过牛顿法解 $f(x)=0$ 得到，其中

$$f(x)=\int_0^x \frac{1}{\sqrt{2\pi}}\mathrm{e}^{-t^2/2}\,\mathrm{d}t-z$$

注意，从微积分基本定理，$f'(x)=\frac{1}{\sqrt{2\pi}}\mathrm{e}^{-x^2/2}$。牛顿法需要计算

$$\int_0^{p_k} \frac{1}{\sqrt{2\pi}}\mathrm{e}^{-t^2/2}\,\mathrm{d}t \tag{4.15}$$

其中 p_k 是牛顿法的一个迭代值。这个积分可以用数值积分来计算。编写 Julia 代码，取 z 为输入，输出 x，使得式 (4.14) 成立。在你的代码中，调用你在课堂上给出的牛顿法与复合辛普森公式的 Julia 代码。对于牛顿法，设置容许误差为 10^{-5} 与 $p_0=0.5$。当计算出现在牛顿法中的积分式 (4.15) 时，对于所用的复合辛普森公式取 $n=10$，然后对 $z=0.4$ 与 $z=0.1$ 运行你的代码，并报告你的输出。

170
171

第 5 章

First Semester in Numerical Analysis with Julia

逼近理论

5.1 离散最小二乘

艾丽娅在物理实验室的冒险经历

大学生活是昂贵的，艾丽娅很高兴在物理实验室找到了一份工作，赚点外快。她做一些实验，一些数据分析，还有一点评分。在她做的一个实验里，有一个独立变量 x 和一个因变量 y，她被要求画出 y 相对于 x 的值。（总共有 6 个数据点。）她得到下面的图 5.1。

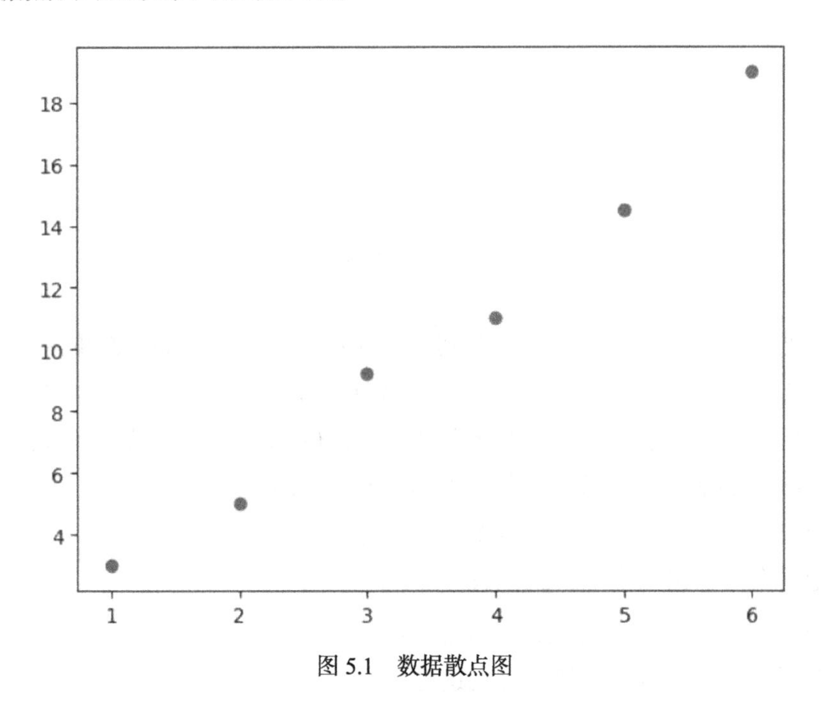

图 5.1 数据散点图

艾丽娅的教授认为两个变量之间的关系应该是线性的，但由于测量误差，

172

数据没有完全落在一条直线上。教授很不高兴，教授们通常在实验结果出了问题时很不高兴，于是要求艾丽娅想出一个像 $y=ax+b$ 的线性公式来解释这种关系。艾丽娅首先考虑插值，但很快意识到这不是一个好主意。（为什么？）让我们来帮助艾丽娅解决她的问题。

问题分析

让我们尝试一条通过数据点的直线。图 5.2 画出了这样一条直线，即 $y=3x-0.5$。

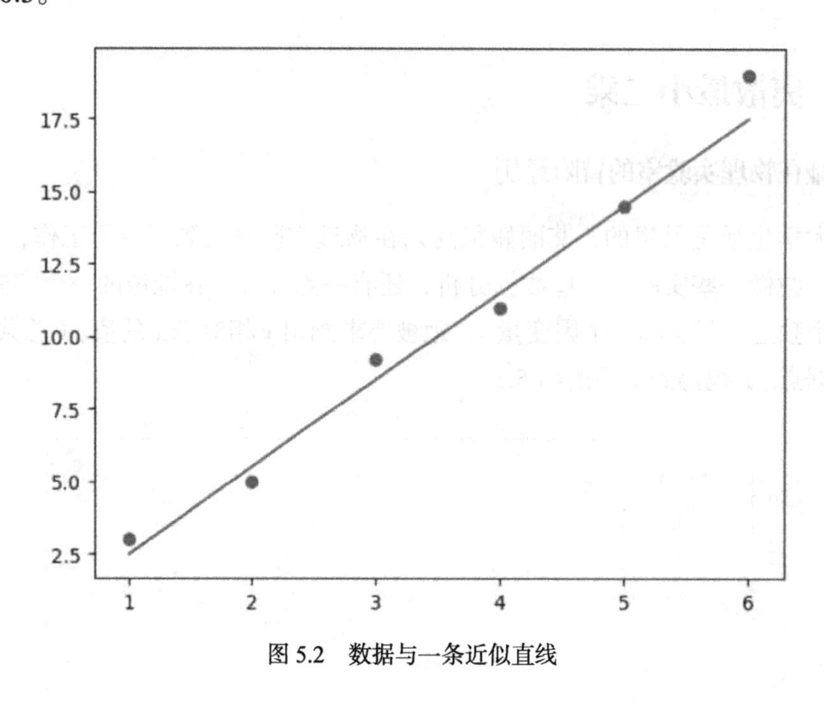

图 5.2　数据与一条近似直线

当然，对这种直线我们有很多其他选择：我们可以增加或减少一点斜率，改变一点截距来获得多条直线，这些直线在视觉上与数据拟合得很好。至关重要的问题是我们怎样确定在所有这些可能的直线中，哪一条直线是“最佳的”直线？如果我们能够量化给定直线与数据的拟合程度，并提出误差的概念，或许我们就能找到那条使该误差最小化的直线。

把这个问题稍加推广，我们有：

- 数据：$(x_1,y_1),(x_2,y_2),\cdots,(x_m,y_m)$

我们希望找到一条能“最佳”逼近这些数据的直线。

- 线性逼近：$y=f(x)=ax+b$

173

我们要回答的问题是：

1. “最佳”逼近是什么意思？

2. 我们怎样求出 a,b，从而给出“最佳”逼近？

注意到，对每个 x_i，有一个数据点对应的 y_i，并且 $f(x_i)=ax_i+b$，这是线性逼近的预测值。我们可以考虑用准确的 y 坐标值与预测值之间的偏差来测量误差：

$$(y_1-ax_1-b),(y_2-ax_2-b),\cdots,(y_m-ax_m-b)$$

有几种方法可以用这些偏差来测量误差，每种方法给出不同的逼近这些数据的直线。最佳逼近的意思是求出 a,b 来最小化用下面几种测量方法之一所得的误差：

- $E=\max_i\{|y_i-ax_i-b|\}$；极小极大问题
- $E=\sum_{i=1}^{m}|y_i-ax_i-b|$；绝对偏差
- $E=\sum_{i=1}^{m}(y_i-ax_i-b)^2$；最小二乘问题

在这一章，我们将讨论最小二乘问题，这是三个选项中最简单的一个。我们要对参数 a,b 最小化

$$E=\sum_{i=1}^{m}(y_i-ax_i-b)^2$$

为求极小值，我们必须有

$$\frac{\partial E}{\partial a}=0\text{ 和 }\frac{\partial E}{\partial b}=0$$

我们得到

$$\frac{\partial E}{\partial a}=\sum_{i=1}^{m}\frac{\partial E}{\partial a}(y_i-ax_i-b)^2=\sum_{i=1}^{m}(-2x_i)(y_i-ax_i-b)=0$$
$$\frac{\partial E}{\partial b}=\sum_{i=1}^{m}\frac{\partial E}{\partial b}(y_i-ax_i-b)^2=\sum_{i=1}^{m}(-2)(y_i-ax_i-b)=0$$

174

这些等式可以用代数方法简化为

$$b\sum_{i=1}^{m}x_i+a\sum_{i=1}^{m}x_i^2=\sum_{i=1}^{m}x_iy_i$$

$$bm+a\sum_{i=1}^{m}x_i=\sum_{i=1}^{m}y_i$$

这些称为**正规方程**。这个方程组的解是

$$a=\frac{m\sum_{i=1}^{m}x_iy_i-\sum_{i=1}^{m}x_i\sum_{i=1}^{m}y_i}{m\left(\sum_{i=1}^{m}x_i^2\right)-\left(\sum_{i=1}^{m}x_i\right)^2},b=\frac{\sum_{i=1}^{m}x_i^2\sum_{i=1}^{m}y_i-\sum_{i=1}^{m}x_iy_i\sum_{i=1}^{m}x_i}{m\left(\sum_{i=1}^{m}x_i^2\right)-\left(\sum_{i=1}^{m}x_i\right)^2}$$

我们考虑更一般的问题。给定数据

- 数据：$(x_1,y_1),(x_2,y_2),\cdots,(x_m,y_m)$

我们能不能找到最佳的多项式逼近

- 多项式逼近：$P_n(x)=a_nx^n+a_{n-1}x^{n-1}+\cdots+a_0$

其中 m 通常比 n 大得多。类似上面的讨论，我们希望关于参数 $a_n,a_{n-1},\cdots,a_0$ 最小化

$$E=\sum_{i=1}^{m}(y_i-P_n(x_i))^2=\sum_{i=1}^{m}\left(y_i-\sum_{j=0}^{n}a_jx_i^j\right)^2$$

为使最小值存在，必要条件是，对 $k=0,1,\cdots,n$

$$\frac{\partial E}{\partial a_k}=0\Rightarrow-\sum_{i=1}^{m}y_ix_i^k+\sum_{j=0}^{n}a_j\left(\sum_{i=1}^{m}x_i^{k+j}\right)=0$$

（我们在这里跳过一些代数运算！）关于多项式逼近的**正规方程组**是对 $k=0,1,\cdots,n$，

$$\sum_{j=0}^{n}a_j\left(\sum_{i=1}^{m}x_i^{k+j}\right)=\sum_{i=1}^{m}y_ix_i^k \tag{5.1}$$

这是有 $n+1$ 个方程和 $n+1$ 个未知量的方程组。我们可以把这个方程组写为矩阵方程

175

$$Aa=b \tag{5.2}$$

其中 a 是我们正要寻找的未知量向量，b 是常数向量

$$a=\begin{bmatrix}a_0\\a_1\\\vdots\\a_n\end{bmatrix},b=\begin{bmatrix}\sum_{i=1}^{m}y_i\\\sum_{i=1}^{m}y_ix_i\\\vdots\\\sum_{i=1}^{m}y_ix_i^n\end{bmatrix}$$

A 是 (kj) 元素为 A_{kj}（$k=1,2,\cdots,n+1;j=1,2,\cdots,n+1$）的（$n+1$）阶对称矩阵:

$$A_{kj}=\sum_{i=1}^{m}x_i^{k+j-2}$$

如果 x_i 不同，且 $n\leqslant m-1$，则方程 $Aa=b$ 有唯一解。通过计算逆矩阵 A^{-1} 来解这个方程是不可取的，因为那会有很大的舍入误差。下面我们写出关于最小二乘逼近的 Julia 代码。并用 Julia 函数 $A\backslash b$ 从矩阵方程 $Aa=b$ 解出 a。在 Julia 中的 \ 运算使用数值优化的矩阵分解来求解矩阵方程。关于这一论述的更多细节可以在参考文献 [10]（第 3 章）中找到。

最小二乘逼近的 Julia 代码

函数 leastsqfit 取数据的 x 和 y 坐标以及我们要用的多项式的次数 n 作为输入。它求解矩阵方程 (5.2)。

```
In [1]: using PyPlot
```

```
In [2]: function leastsqfit(x::Array,y::Array,n)
            m=length(x) # number of data points
            d=n+1 # number of coefficients to determine
            A=zeros(d,d)
            b=zeros(d,1)
            # the linear system we want to solve is Ax=b
            p=Array{Float64}(undef,2*n+1)
            for k in 1:d
                sum=0
                for i in 1:m
                    sum=sum+y[i]*x[i]^(k-1)
                end
                b[k]=sum
```

```
        end
        # p[i] below is the sum of the (i-1)th power of
        # the x coordinates
        p[1]=m
        for i in 2:2*n+1
            sum=0
            for j in 1:m
                sum=sum+x[j]^(i-1)
            end
            p[i]=sum
        end
        # We next compute the upper triangular part of
        # the coefficient matrix A, and its diagonal
        for k in 1:d
            for j in k:d
                A[k,j]=p[k+j-1]
            end
        end
        # The lower triangular part of the matrix is defined
        # using the fact the matrix is symmetric
        for i in 2:d
            for j in 1:i-1
                A[i,j]=A[j,i]
            end
        end
        a=A\b
    end

Out[2]: leastsqfit (generic function with 1 method)
```

下面（In [3]）是用于制作本章第一个图的数据——艾丽娅的数据。我们对数据拟合一条最小二乘直线（In [4]）。

```
In [3]: xd=[1,2,3,4,5,6];
        yd=[3,5,9.2,11,14.5,19];
```

177

```
In [4]: leastsqfit(xd,yd,1)

Out[4]: 2×1 Array{Float64,2}:
         -0.7466666666666616
          3.1514285714285704
```

（拟合用的）多项式是 $-0.746\ 667+3.151\ 43x$。下面（In [5]）的函数 `poly(x,a)` 接收 $a=$ `leastsqfit` 的输出并估算最小二乘多项式在 x 的值。例如，如果我们要估算最小二乘直线在 3.5 的值（In [6]），我们就调用函数 `poly`
：

```
In [5]: function poly(x,a::Array)
            d=length(a)
            sum=0
            for i in 1:d
                sum=sum+a[i]*x^(i-1)
            end
            return sum
        end

Out[5]: poly (generic function with 1 method)

In [6]: a=leastsqfit(xd,yd,1)
        poly(3.5,a)

Out[6]: 10.283333333333335
```

下面的函数计算最小二乘误差：$E=\sum_{i=1}^{m}(y_i-p_n(x_i))^2$ 。它接收 $a=$ `leastsqfit` 的输出和数据作为输入。

```
In [7]: function leastsqerror(a::Array,x::Array,y::Array)
            sum=0
            m=length(y)
            for i in 1:m
                sum=sum+(y[i]-poly(x[i],a))^2
            end
            return sum
        end

Out[7]: leastsqerror (generic function with 1 method)
```

178

```
In [8]: a=leastsqfit(xd,yd,1)
        leastsqerror(a,xd,yd)

Out[8]: 2.607047619047626
```

下面我们把最小二乘直线和数据放在一起作图。

```
In [9]: a=leastsqfit(xd,yd,1)
        xaxis=1:1/100:6
        yvals=map(x->poly(x,a),xaxis)
        plot(xaxis,yvals)
        scatter(xd,yd);
```

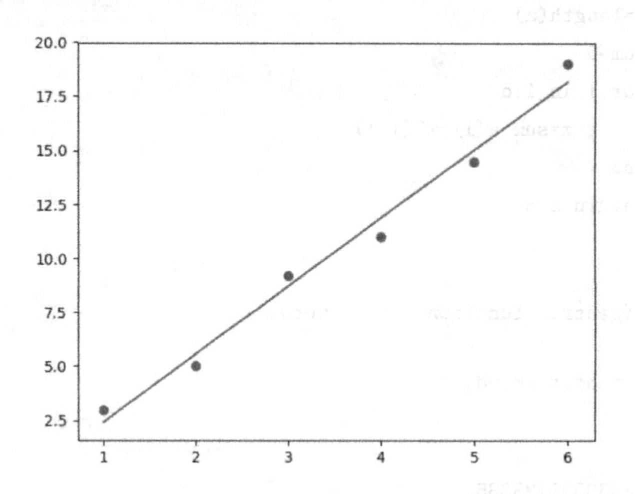

下面我们在最小二乘逼近中尝试二次多项式（In [10]），并（计算）对应的误差 (In [11])。

```
In [10]: a=leastsqfit(xd,yd,2)
         xaxis=1:1/100:6
         yvals=map(x->poly(x,a),xaxis)
         plot(xaxis,yvals)
         scatter(xd,yd);
```

179

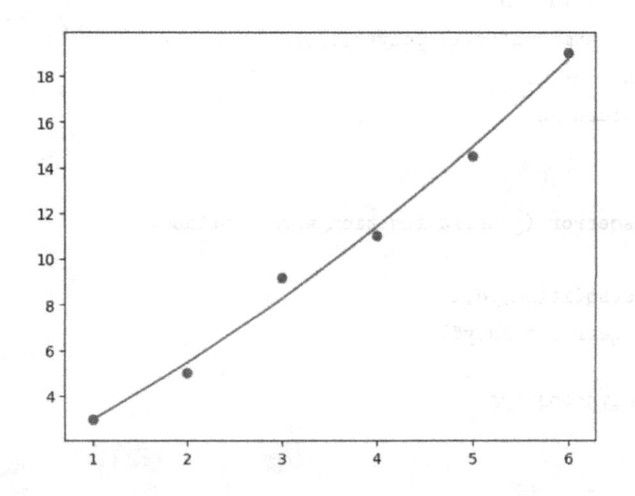

```
In [11]: leastsqerror(a,xd,yd)
```

```
Out[11]: 1.4869285714285703
```

下面是三次多项式（In [12]）及其对应的误差（In [13]）。

```
In [12]: a=leastsqfit(xd,yd,3)
         xaxis=1:1/100:6
         yvals=map(x->poly(x,a),xaxis)
         plot(xaxis,yvals)
         scatter(xd,yd);
```

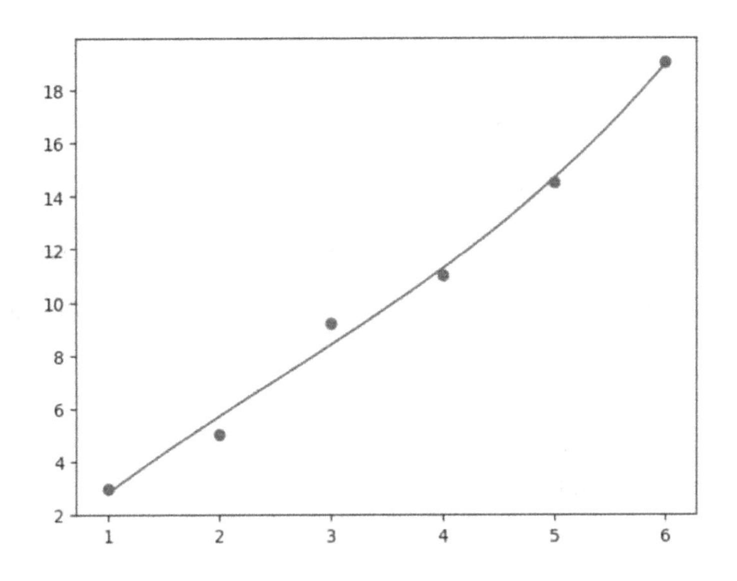

180

```
In [13]: leastsqerror(a,xd,yd)
```

```
Out[13]: 1.2664285714285708
```

下面是四次多项式（In [14]）及其对应的误差 (In [15])。

```
In [14]: a=leastsqfit(xd,yd,4)
         xaxis=1:1/100:6
         yvals=map(x->poly(x,a),xaxis)
         plot(xaxis,yvals)
         scatter(xd,yd);
```

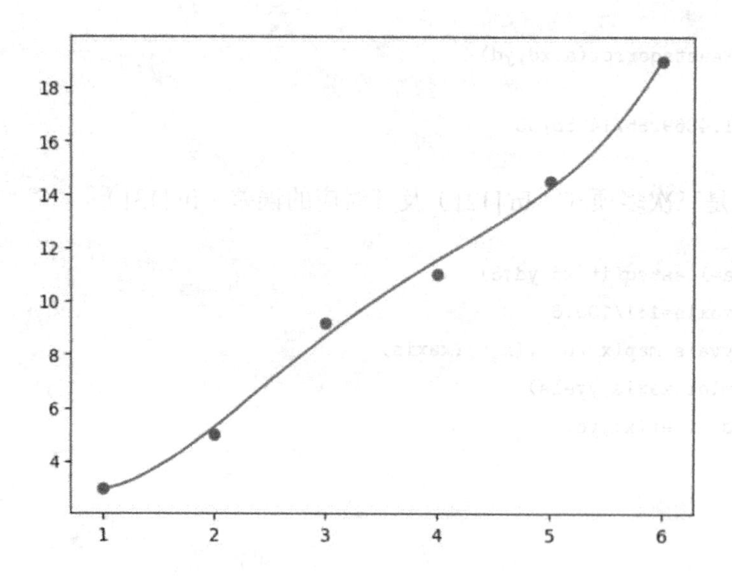


```
In [15]: leastsqerror(a,xd,yd)

Out[15]: 0.7232142857142789
```

最后我们尝试五次多项式。回忆一下，正规方程在 x_i 各不相同和 $n \leqslant m-1$ 时有唯一解。因为在这个例子中 $m=6$，$n=5$ 是保证唯一解的最高次数。 181

```
In [16]: a=leastsqfit(xd,yd,5)
         xaxis=1:1/100:6
         yvals=map(x->poly(x,a),xaxis)
         plot(xaxis,yvals)
         scatter(xd,yd);
```

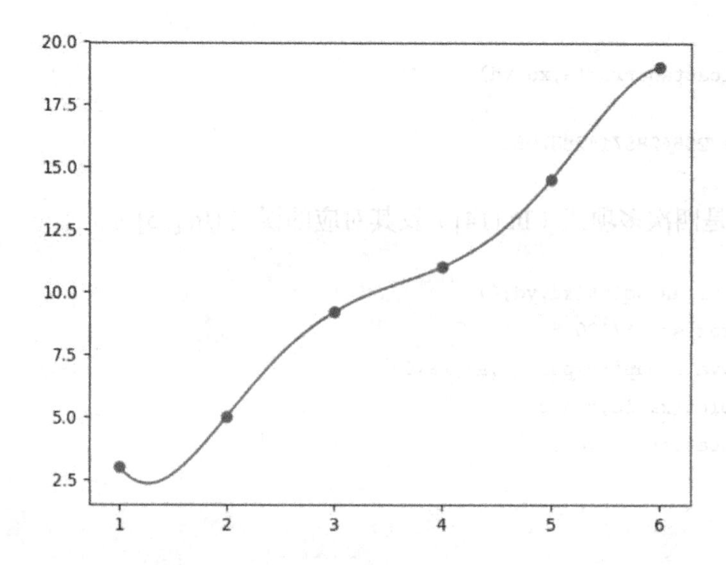

五次逼近多项式就是插值多项式！最小二乘误差是什么？

非多项式最小二乘

最小二乘法不仅仅适用于多项式。例如，假设我们要找到最小二乘意义上拟合数据 $(t_1,T_1),\cdots,(t_m,T_m)$ 的最佳函数

$$f(t)=a+bt+c\sin(2\pi t/365)+d\cos(2\pi t/365) \tag{5.3}$$

这个函数用于模拟天气温度数据，其中 t 表示时间，T 表示温度。下图绘制了从 2016 年到 2018 年 9 月 21 日的 1056 天期间，由澳洲墨尔本机场气象站测量所得的日最高温度[⊖]。 182

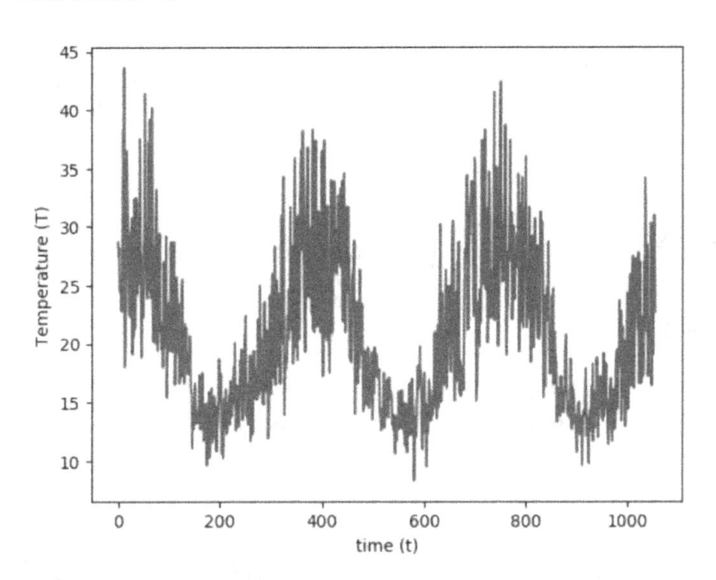

为找到形如式 (5.3) 的最佳拟合函数，我们写出最小二乘误差项

$$E=\sum_{i=1}^{m}(f(t_i)-T_i)^2=\sum_{i=1}^{m}\left(a+bt_i+c\sin\left(\frac{2\pi t_i}{365}\right)+d\cos\left(\frac{2\pi t_i}{365}\right)-T_i\right)^2$$

把它关于未知量 a,b,c,d 的偏导数设为零，可得正规方程:

$$\frac{\partial E}{\partial a}=0\Rightarrow\sum_{i=1}^{m}2\left(a+bt_i+c\sin\left(\frac{2\pi t_i}{365}\right)+d\cos\left(\frac{2\pi t_i}{365}\right)-T_i\right)=0$$

⊖ http://www.bom.gov.au/climate/data/。

$$\Rightarrow \sum_{i=1}^{m}\left(a+bt_i+c\sin\left(\frac{2\pi t_i}{365}\right)+d\cos\left(\frac{2\pi t_i}{365}\right)-T_i\right)=0 \tag{5.4}$$

$$\frac{\partial E}{\partial b}=0\Rightarrow \sum_{i=1}^{m}(2t_i)\left(a+bt_i+c\sin\left(\frac{2\pi t_i}{365}\right)+d\cos\left(\frac{2\pi t_i}{365}\right)-T_i\right)=0$$

$$\Rightarrow \sum_{i=1}^{m}t_i\left(a+bt_i+c\sin\left(\frac{2\pi t_i}{365}\right)+d\cos\left(\frac{2\pi t_i}{365}\right)-T_i\right)=0 \tag{5.5}$$

$$\frac{\partial E}{\partial c}=0\Rightarrow \sum_{i=1}^{m}\left(2\sin\left(\frac{2\pi t_i}{365}\right)\right)\left(a+bt_i+c\sin\left(\frac{2\pi t_i}{365}\right)+d\cos\left(\frac{2\pi t_i}{365}\right)-T_i\right)$$
$$=0$$
$$\Rightarrow \sum_{i=1}^{m}\sin\left(\frac{2\pi t_i}{365}\right)\left(a+bt_i+c\sin\left(\frac{2\pi t_i}{365}\right)+d\cos\left(\frac{2\pi t_i}{365}\right)-T_i\right)$$

[183]

$$=0 \tag{5.6}$$

$$\frac{\partial E}{\partial d}=0\Rightarrow \sum_{i=1}^{m}\left(2\cos\left(\frac{2\pi t_i}{365}\right)\right)\left(a+bt_i+c\sin\left(\frac{2\pi t_i}{365}\right)+d\cos\left(\frac{2\pi t_i}{365}\right)-T_i\right)$$
$$=0$$
$$\Rightarrow \sum_{i=1}^{m}\cos\left(\frac{2\pi t_i}{365}\right)\left(a+bt_i+c\sin\left(\frac{2\pi t_i}{365}\right)+d\cos\left(\frac{2\pi t_i}{365}\right)-T_i\right)$$
$$=0 \tag{5.7}$$

重新安排上述方程的项，我们得到有 4 个方程和 4 个未知量的方程组：

$$am+b\sum_{i=1}^{m}t_i+c\sum_{i=1}^{m}\sin\left(\frac{2\pi t_i}{365}\right)+d\sum_{i=1}^{m}\cos\left(\frac{2\pi t_i}{365}\right)=\sum_{i=1}^{m}T_i$$
$$a\sum_{i=1}^{m}t_i+b\sum_{i=1}^{m}t_i^2+c\sum_{i=1}^{m}t_i\sin\left(\frac{2\pi t_i}{365}\right)+d\sum_{i=1}^{m}t_i\cos\left(\frac{2\pi t_i}{365}\right)=\sum_{i=1}^{m}T_it_i$$
$$a\sum_{i=1}^{m}\sin\left(\frac{2\pi t_i}{365}\right)+b\sum_{i=1}^{m}t_i\sin\left(\frac{2\pi t_i}{365}\right)+c\sum_{i=1}^{m}\sin^2\left(\frac{2\pi t_i}{365}\right)+$$
$$d\sum_{i=1}^{m}\sin\left(\frac{2\pi t_i}{365}\right)\cos\left(\frac{2\pi t_i}{365}\right)=\sum_{i=1}^{m}T_i\sin\left(\frac{2\pi t_i}{365}\right)$$

$$a\sum_{i=1}^{m}\cos\left(\frac{2\pi t_i}{365}\right)+b\sum_{i=1}^{m}t_i\cos\left(\frac{2\pi t_i}{365}\right)+c\sum_{i=1}^{m}\sin\left(\frac{2\pi t_i}{365}\right)\cos\left(\frac{2\pi t_i}{365}\right)+$$
$$d\sum_{i=1}^{m}\cos^2\left(\frac{2\pi t_i}{365}\right)=\sum_{i=1}^{m}T_i\cos\left(\frac{2\pi t_i}{365}\right)$$

用一个简短的符号表示三角函数中的自变量 $\left(\frac{2\pi t_i}{365}\right)$ 和求和式的指标，我们可以把上面的方程组写为一个矩阵方程

$$\underbrace{\begin{bmatrix} m & \sum t_i & \sum\sin(\cdot) & \sum\cos(\cdot) \\ \sum t_i & \sum t_i^2 & \sum t_i\sin(\cdot) & \sum t_i\cos(\cdot) \\ \sum\sin(\cdot) & \sum t_i\sin(\cdot) & \sum\sin^2(\cdot) & \sum\sin(\cdot)\cos(\cdot) \\ \sum\cos(\cdot) & \sum t_i\cos(\cdot) & \sum\sin(\cdot)\cos(\cdot) & \sum\cos^2(\cdot)\end{bmatrix}}_{\mathbf{A}}\begin{bmatrix} a \\ b \\ c \\ d\end{bmatrix}=\underbrace{\begin{bmatrix}\sum T_i \\ \sum T_i t_i \\ \sum T_i\sin(\cdot) \\ \sum T_i\cos(\cdot)\end{bmatrix}}_{\mathbf{r}}$$

下面，我们将用 Julia 加载数据和定义矩阵 $\mathbf{A}$，$\mathbf{r}$，然后解方程 $\mathbf{A}x=\mathbf{r}$，其中 $x=[a,b,c,d]^{\mathrm{T}}$。

我们将用一个名为 JuliaDB 的软件包（In [1]）输入数据。在 Julia 终端安装这个软件包和键入 `add JuliaDB` 以后，我们把它加载到我们的（Jupyter）笔记本。

```
In [1]: using JuliaDB
```

184

我们需要函数 `dot`，它是内置在软件包 LinearAlgebra 内，用来计算点积（内积）的。安装这个软件包和键入 `add LinearAlgebra`，并加载它。我们同时也加载 PyPlot（In [2]）。

```
In [2]: using LinearAlgebra
        using PyPlot
```

我们假定包含温度的数据被下载为一个 csv 文件，存储目录与 Julia 笔记本相同。确保数据没有遗漏条目和被 Julia 存储为一个 Float64 类型的数组。函数 `loadtable` 把数据作为表格输入到 Julia:

```
In [3]: data=loadtable("WeatherData.csv")
```

```
Out[3]: Table with 1056 rows, 1 columns:
        Temp
        28.7
        27.5
        28.2
        24.5
        25.6
        25.3
        23.4
        22.8
        24.1
        32.1
        38.3
        30.3
        ⋮
        20.9
        30.3
        30.1
        16.4
        18.4
        19.8
        19.1
        27.1
        31.0
        27.0
        22.7
```

185

下一步是把我们需要的部分数据存储为一个数组。函数 select（In [4]）接收两个参数: 表的名称和列标题，其内容将被存储为一个数组。在我们的表格里，只有一列，名为 Temp。

让我们核查 Temp 的类型（In [5]），它的第 1 个条目（元素 In [6]）和它的长度 (In [7]):

```
In [4]: temp=select(data, :Temp);

In [5]: typeof(temp)

Out[5]: Array{Float64,1}

In [6]: temp[1]

Out[6]: 28.7
```

```
In [7]: length(temp)

Out[7]: 1056
```

数组有 1056 个温度值。x 坐标是天数，编号为 $t=1,2,\cdots,1056$。下面是存储这些时间值的数组：

```
In [8]: time=[i for i=1:1056];
```

下一步利用矩阵是对称的这一事实来定义矩阵 A，函数 sum(x) 是把数组 x 的元素加起来。

```
In [9]: A=zeros(4,4);
        A[1,1]=1056
        A[1,2]=sum(time)
        A[1,3]=sum(t->sin(2*pi*t/365),time)
        A[1,4]=sum(t->cos(2*pi*t/365),time)
        A[2,2]=sum(t->t^2,time)
        A[2,3]=sum(t->t*sin(2*pi*t/365),time)
        A[2,4]=sum(t->t*cos(2*pi*t/365),time)
        A[3,3]=sum(t->(sin(2*pi*t/365))^2,time)
        A[3,4]=sum(t->(sin(2*pi*t/365)*cos(2*pi*t/365)),time)
        A[4,4]=sum(t->(cos(2*pi*t/365))^2,time)
        for i=2:4
            for j=1:i
                A[i,j]=A[j,i]
            end
        end
```

186

```
In [10]: A

Out[10]: 4×4 Array{Float64,2}:
      1056.0      558096.0          12.2957     -36.2433
    558096.0           3.93086e8  -50458.1    -38477.3
        12.2957   -50458.1          542.339      10.9944
       -36.2433   -38477.3           10.9944    513.661
```

现在我们来定义向量 r。函数 dot(x,y) 获得数组 x,y 的点积。例如 dot([1,2,3],[4,5,6])=1*4+2*5+3*6=32。

```
In [11]: r=zeros(4,1)
         r[1]=sum(temp)
         r[2]=dot(temp,time)
         r[3]=dot(temp,map(t->sin(2*pi*t/365),time))
         r[4]=dot(temp,map(t->cos(2*pi*t/365),time));
```

```
In [12]: r
```

```
Out[12]: 4×1 Array{Float64,2}:
          21861.499999999996
              1.1380310200000009e7
           1742.0770653857649
           2787.7612743690415
```

现在我们可以解矩阵方程了。

```
In [13]: A\r
```

```
Out[13]: 4×1 Array{Float64,2}:
          20.28975634590378
           0.0011677302061853312
           2.7211617643953634
           6.88808560736693
```

187

回忆一下，这些常数是在 $f(t)$ 的定义中 a,b,c,d 的值。下面就是这个对数据的最佳拟合函数。

```
In [14]: f(t)=20.2898+0.00116773*t+2.72116*sin(2*pi*t/365)+
6.88809*cos(2*pi*t/365)
```

```
Out[14]: f (generic function with 1 method)
```

下面我们绘制数据和 $f(t)$。

```
In [15]: xaxis=1:1:1056
         yvals=map(t->f(t),xaxis)
         plot(xaxis,yvals,label="Least squares approximation")
         xlabel("time (t)")
         ylabel("Temperature (T)")
         plot(temp,linestyle="-",alpha=0.5,label="Data")
         legend(loc="upper center");
```

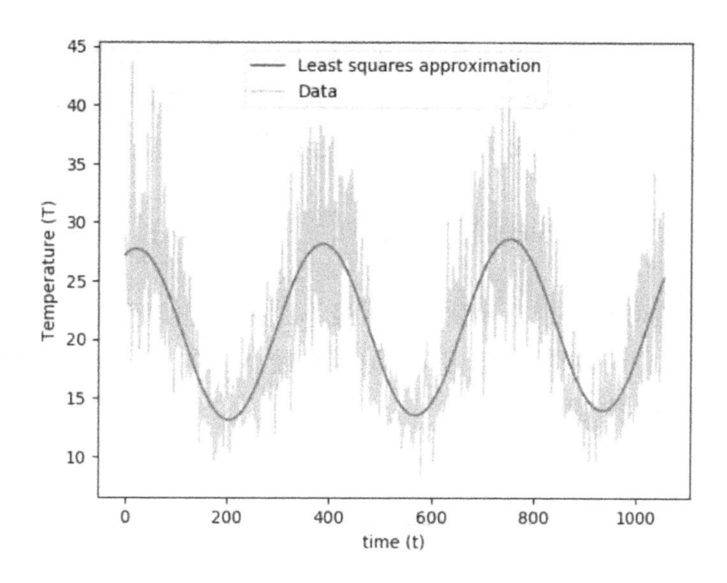

数据线性化

关于另一个非多项式最小二乘的例子，考虑寻找对某些数据 $(x_1,y_1),(x_2,y_2),\cdots,(x_m,y_m)$ 的最佳最小二乘拟合的函数 $f(x)=be^{ax}$。我们需要求出 a,b 来最小化 188

$$E=\sum_{i=1}^{m}(y_i-be^{ax_i})^2$$

正规方程是

$$\frac{\partial E}{\partial a}=0,\ \frac{\partial E}{\partial b}=0$$

这不像前面那个例子，它不是未知量 a,b 的线性方程组。一般需要求根方法来解这些方程。

然而，当我们猜测数据是以指数的方式相联系时，有一个简单的方法可以使用。再次考虑我们要拟合的函数：

$$y=be^{ax} \tag{5.8}$$

两边取对数：

$$\log y=\log b+ax$$

并将变量重新命名为 $Y=\log y,B=\log b$。于是，我们得到表达式

$$Y=ax+B \tag{5.9}$$

它是一个变换后的变量的线性等式。换句话说，如果原来变量 y 与 x 是通过等式 (5.8) 相联系，则 $Y=\log y$ 与 x 是通过等式 (5.9) 给定的线性关系相联系。所以新方法是用最小二乘直线 $Y=ax+B$ 拟合数据：

$$(x_1,\log y_1),(x_2,\log y_2),\cdots,(x_m,\log y_m)$$

但是，很重要的一点是要认识到：最小二乘对变换后的数据拟合并不一定与最小二乘对原有数据拟合相同，原因是最小二乘所最小化的偏差在变换过程中出现非线性失真。

例 85 考虑下面的数据

x	0	1	2	3	4	5
y	3	5	8	12	23	37

我们将用 $y=be^{ax}$ 在最小二乘意义上拟合这些数据。下表列出了用两位数字的数据 $(x_i,\log y_i)$：

x	0	1	2	3	4	5
$Y=\log y$	1.1	1.6	2.1	2.5	3.1	3.6

189

我们用 Julia 代码 `leastsqfit` 求得一条直线与此数据拟合。

```
In [1]: x=[0,1,2,3,4,5]
        y=[1.1,1.6,2.1,2.5,3.1,3.6]
        leastsqfit(x,y,1)

Out[1]: 2×1 Array{Float64,2}:
          1.09048
          0.497143
```

因此，这条用两位数字的最小二乘直线是

$$Y=0.5x+1.1$$

该式对应式 (5.9)，其中 $a=0.5, B=1.1$。我们希望得到对应的指数方程式 (5.8)，其中 $b=e^B$。因为 $e^{1.1}=3$，所以最佳拟合原数据的指数函数是 $y=3e^{x/2}$。下图绘制了 $y=3e^{x/2}$ 和数据。

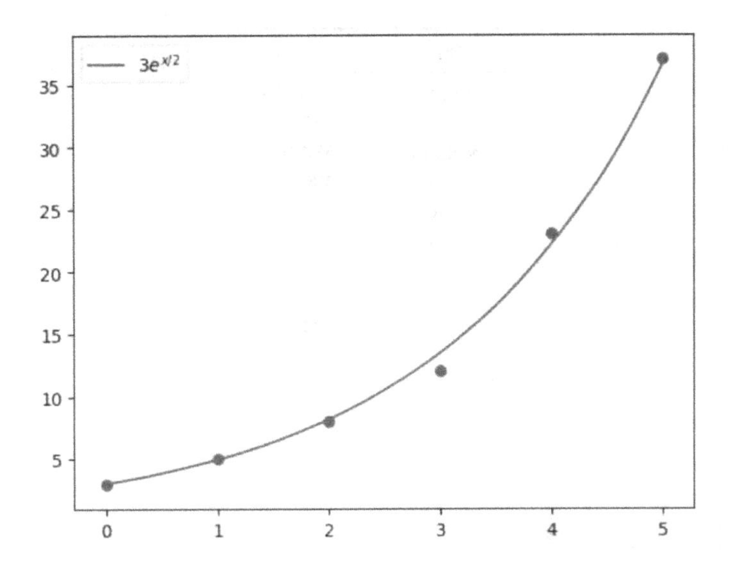

习题 5.1-1　求出形如 $y = ae^x + b\sin(4x)$ 的函数，使得它在最小二乘意义上最佳地拟合下列数据：

x	1	2	3	4	5
y	−4	6	−1	5	20

把该函数与数据一起绘图。

190

习题 5.1-2　幂律（power-law）型关系可以在许多经验数据中观察到。如果 $y = kx^\alpha$，其中 k, α 是某些常数，我们称这两个变量 y 和 x 通过幂律联系在一起。以下数据[⊖]按出现顺序列出了 2000 年人口普查时排名在前 10 位的姓氏。研究出现的相对频率和姓氏的排序是否通过幂律相关。

a) 设 y 是相对频率（出现的次数除以出现的总次数），x 是排序，从 1 到 10。

b) 用最小二乘法及线性化方法，求出形如 $y = kx^\alpha$ 的函数。

c) 将数据与在（b）中求出的最佳拟合函数一起绘图。

⊖ https://www.census.gov/topics/population/genealogy/data/2000_surnames.html。

姓氏	出现的次数
Smith	2 376 206
Johnson	1 857 160
Williams	1 534 042
Brown	1 380 145
Jones	1 362 755
Miller	1 127 803
Davis	1 072 335
Garcia	858 289
Rodriguez	804 240
Wilson	783 051

5.2 连续最小二乘

在离散最小二乘中，我们的出发点是一个数据点集。这里我们将从一个在 $[a,b]$ 上连续的函数 f 出发，然后回答下列问题：我们怎样找到次数最高为 n 的“最佳”多项式 $P_n(x)=\sum_{j=0}^{n}a_jx^j$ 在 $[a,b]$ 上逼近 f？像以前一样，“最佳”多项式的意思是最小化下面最小二乘误差的多项式：

191

$$E=\int_a^b\left(f(x)-\sum_{j=0}^{n}a_jx^j\right)^2\mathrm{d}x \tag{5.10}$$

比较这个表达式与**离散最小二乘**的表达式：

$$E=\sum_{i=1}^{m}\left(y_i-\sum_{j=0}^{n}a_jx_i^j\right)^2$$

为最小化式 (5.10) 的 E，我们设置 $\frac{\partial E}{\partial a_k}=0$，$k=0,1,\cdots,n$，观察到

$$\begin{aligned}\frac{\partial E}{\partial a_k}&=\frac{\partial}{\partial a_k}\left(\int_a^b f^2(x)\,\mathrm{d}x-2\int_a^b f(x)\left(\sum_{j=0}^{n}a_jx^j\right)\mathrm{d}x+\int_a^b\left(\sum_{j=0}^{n}a_jx^j\right)^2\mathrm{d}x\right)\\&=-2\int_a^b f(x)x^k\,\mathrm{d}x+2\sum_{j=0}^{n}a_j\int_a^b x^{j+k}\,\mathrm{d}x=0\end{aligned}$$

对 $k=0,1,\cdots,n$，这就给出了以下 $n+1$ 个**连续最小二乘问题**的正规方程：

$$\sum_{j=0}^{n} a_j \int_a^b x^{j+k}\,\mathrm{d}x = \int_a^b f(x)x^k\,\mathrm{d}x \tag{5.11}$$

注意，这些方程中仅有的未知量是 a_j，所以这是一个线性方程组。将这些正规方程与下列**离散最小二乘问题**的正规方程进行比较是很有启发性的：

$$\sum_{j=0}^{n} a_j \left(\sum_{i=1}^{m} x_i^{k+j}\right) = \sum_{i=1}^{m} y_i x_i^k$$

例 86 求出在 $(0,2)$ 上逼近函数 $f(x)=\mathrm{e}^x$ 的二次最小二乘多项式。

解 正规方程为

$$\sum_{j=0}^{2} a_j \int_0^2 x^{j+k}\,\mathrm{d}x = \int_0^2 \mathrm{e}^x x^k\,\mathrm{d}x$$

192

其中 $k=0,1,2$。下面是三个方程：

$$a_0\int_0^2 \mathrm{d}x + a_1\int_0^2 x\,\mathrm{d}x + a_2\int_0^2 x^2\,\mathrm{d}x = \int_0^2 \mathrm{e}^x\,\mathrm{d}x$$
$$a_0\int_0^2 x\,\mathrm{d}x + a_1\int_0^2 x^2\,\mathrm{d}x + a_2\int_0^2 x^3\,\mathrm{d}x = \int_0^2 \mathrm{e}^x x\,\mathrm{d}x$$
$$a_0\int_0^2 x^2\,\mathrm{d}x + a_1\int_0^2 x^3\,\mathrm{d}x + a_2\int_0^2 x^4\,\mathrm{d}x = \int_0^2 \mathrm{e}^x x^2\,\mathrm{d}x$$

计算积分，我们得到

$$2a_0+2a_1+\frac{8}{3}a_2=\mathrm{e}^2-1$$
$$2a_0+\frac{8}{3}a_1+4a_2=\mathrm{e}^2+1$$
$$\frac{8}{3}a_0+4a_1+\frac{32}{5}a_2=2\mathrm{e}^2-2$$

它们的解是 $a_0=3(-7+\mathrm{e}^2)\approx 1.17$，$a_1=-\frac{3}{2}(-37+5\mathrm{e}^2)\approx 0.08$，$a_2=\frac{15}{4}(-7+\mathrm{e}^2)\approx 1.46$。于是

$$P_2(x)=1.17+0.08x+1.46x^2$$

我们已经讨论过的这种方法，即把正规方程组作为矩阵方程求解最小二乘问题的方法存在一定的缺陷：

- 系数矩阵中的积分 $\int_a^b x^{i+j}\,\mathrm{d}x=\left(b^{i+j+1}-a^{i+j+1}\right)/(i+j+1)$ 导致矩阵方程容易产生舍入误差。
- 从 $P_n(x)$ 到 $P_{n+1}(x)$ 没有捷径可走（这可能就是在我们不满足于 $P_n(x)$ 提供的近似值时希望做的）。

有更好的方法解离散和连续最小二乘问题：使用我们在高斯求积中遇到的正交多项式。离散和连续最小二乘问题都尝试找到多项式 $P_n(x)=\sum_{j=0}^{n}a_jx^j$ 来满足某些性质。注意多项式是如何用单项式基函数 x^j 写成的，并回忆一下这些基函数是如何在插值时导致数值困难的。那正是我们讨论用不同的像拉格朗日和牛顿基函数来解插值问题的原因。所以我们的想法是用其他基函数来表示 $P_n(x)$。

193

$$P_n(x)=\sum_{j=0}^{n}a_j\phi_j(x)$$

这将连续最小二乘 (5.11) 的正规方程更新为

$$\sum_{j=0}^{n}a_j\int_a^b\phi_j(x)\phi_k(x)\,\mathrm{d}x=\int_a^b f(x)\phi_k(x)\,\mathrm{d}x$$

其中 $k=0,1,\cdots,n$。离散最小二乘 (5.1) 的正规方程得到类似的更新：

$$\sum_{j=0}^{n}a_j\left(\sum_{i=1}^{m}\phi_j(x_i)\phi_k(x_i)\right)=\sum_{i=1}^{m}y_i\phi_k(x_i)$$

接下来，关键的发现是两个函数的乘积的积分 $\int\phi_j(x)\phi_k(x)\,\mathrm{d}x$ 或者估算某些离散点的两个函数值的乘积的总和 $\sum\phi_j(x_i)\phi_k(x_i)$，其可以看成是在一个适当定义的向量空间中的两个向量的内积 $\langle\phi_j,\phi_k\rangle$。当函数（向量）$\phi_j$ 是**正交的**，即在 $j\neq k$ 时，内积 $\langle\phi_j,\phi_k\rangle$ 是 0。它使得正规方程解起来很简单。我们将在下一节详细讨论。

5.3 正交多项式与最小二乘

这一节的讨论主要围绕连续最小二乘问题，然而离散问题也可以用类似的方法解决。考虑定义在 $[a,b]$ 上的所有连续函数的集合 $C^0[a,b]$ 和所有次数最高为 n 的多项式的集合 $\mathbf{P_n}$。这两个集合在通常的函数加法与数乘运算下是向量空间，后者是前者的子空间。这个空间上的内积定义如下：给定 $f,g\in C^0[a,b]$，

$$\langle f,g\rangle=\int_a^b w(x)f(x)g(x)\,\mathrm{d}x \tag{5.12}$$

这个内积下的向量模为

$$\|f\|=\langle f,f\rangle^{1/2}=\left(\int_a^b w(x)f^2(x)\,\mathrm{d}x\right)^{1/2}$$

让我们回顾一下内积的定义——它是一个实值函数，有以下性质：

1. $\langle f,g\rangle=\langle g,f\rangle$。
2. $\langle f,f\rangle\geqslant 0$, 仅当 $f\equiv 0$ 时等号成立。 194
3. 对所有实数 β，$\langle \beta f,g\rangle=\beta\langle f,g\rangle$。
4. $\langle f_1+f_2,g\rangle=\langle f_1,g\rangle+\langle f_2,g\rangle$。

等式 (5.12) 中的陌生函数 $w(x)$ 称为 **权函数**（weight function）。它的作用是对区间 $[a,b]$ 的不同区域赋予不同的重要性。权函数并不是任意的，它必须满足一些性质。

定义 87 如果 $[a,b]$ 上的非负函数 $w(x)$ 具有下列性质，则称它为权函数：

1. 对所有 $n\geqslant 0$，$\int_a^b |x|^n w(x)\,\mathrm{d}x$ 是可积且有限的。
2. 如果对某个 $g(x)\geqslant 0$，$\int_a^b w(x)g(x)\,\mathrm{d}x=0$，则 $g(x)$ 在 (a,b) 上恒为 0。

有了新的术语，我们可以写出最小二乘问题如下：

问题（连续最小二乘） 给定 $f\in C^0[a,b]$，求一个多项式 $P_n(x)\in\mathbf{P_n}$，它最小化

$$\int_a^b w(x)(f(x)-P_n(x))^2\,\mathrm{d}x=\langle f(x)-P_n(x),f(x)-P_n(x)\rangle$$

我们将会发现，如果把 $P_n(x)$ 写成正交基多项式的线性组合：$P_n(x)=\sum_{j=0}^{n}a_j\phi_j(x)$，则内积可以很容易计算出来。

我们需要一些定义和定理继续我们的探索。让我们从正交函数的正式定义开始。

定义 88 如果区间 $[a,b]$ 上的函数 $\{\phi_0,\phi_1,\cdots,\phi_n\}$ 对于权函数 $w(x)$ 有下式成立，则称这些函数在区间 $[a,b]$ 上是正交的：

$$\langle\phi_j,\phi_k\rangle=\int_a^b w(x)\phi_j(x)\phi_k(x)\,\mathrm{d}x=\begin{cases}0, & \text{如果} j\neq k\\ \alpha_j>0, & \text{如果} j=k\end{cases}$$

其中 α_j 是常数。此外，如果对所有的 j，$\alpha_j=1$，则称这些函数在区间 $[a,b]$ 上是标准正交的。

如何为我们的向量空间找到一组正交或标准正交基?线性代数的格拉姆–施密特（正交化）过程（Gram-Schmidt process）提供了答案。

195

定理 89（格拉姆—施密特正交化） 给定权函数 $w(x)$，格拉姆—施密特正交化构建了唯一的多项式集 $\phi_0(x),\phi_1(x),\cdots,\phi_n(x)$，其中 $\phi_i(x)$ 的次数是 i，使得

$$\langle\phi_j,\phi_k\rangle=\begin{cases}0, & \text{如果} j\neq k\\ 1, & \text{如果} j=k\end{cases}$$

而且 $\phi_n(x)$ 中 x^n 的系数是正的。

让我们讨论使用不同的权函数时可以从格拉姆–施密特正交化得到的两类正交多项式。

例 90（勒让德多项式） 如果 $w(x)\equiv1$，$[a,b]=[-1,1]$，则当格拉姆–施密特正交化过程用于单项式 $1,x,x^2,x^3$ 时，得到的前 4 个多项式是：

$$\phi_0(x)=\sqrt{\frac{1}{2}}$$

$$\phi_1(x)=\sqrt{\frac{3}{2}}x$$

$$\phi_2(x)=\frac{1}{2}\sqrt{\frac{5}{2}}(3x^2-1)$$

$$\phi_3(x)=\frac{1}{2}\sqrt{\frac{7}{2}}(5x^3-3x)$$

这些多项式经常被写成正交形式，即我们在格拉姆–施密特正交化过程中放弃 $\langle\phi_j,\phi_j\rangle=1$ 这个要求，并改变多项式的比例，使得每个多项式在 $x=1$ 的值等于 1。这种形式的前四个多项式是：

$$L_0(x)=1,L_1(x)=x$$

$$L_2(x)=\frac{3}{2}x^2-\frac{1}{2}$$

$$L_3(x)=\frac{5}{2}x^3-\frac{3}{2}x$$

这些是勒让德多项式我们在 4.3 节[⊖]高斯求积公式时第 1 次讨论的多项式。它们可以用下面的递归式得到：

$$L_{n+1}(x)=\frac{2n+1}{n+1}xL_n(x)-\frac{n}{n+1}L_{n-1}(x)$$

其中 $n=1,2,\cdots$，并且它们满足

$$\langle L_n,L_n\rangle=\frac{2}{2n+1}$$

习题 5.3-1 用直接积分证明勒让德多项式 $L_1(x)$ 与 $L_2(x)$ 是正交的。 196

例 91 （切比雪夫多项式） 如果我们取 $w(x)=(1-x^2)^{-1/2}$ 和 $[a,b]=[-1,1]$，再次在格拉姆–施密特正交化过程中放弃标准正交的要求，我们得到如下的正交多项式：

$$T_0(x)=1,T_1(x)=x,T_2(x)=2x^2-1,T_3(x)=4x^3-3x,\cdots$$

⊖ 4.3 节的勒让德多项式与这些差一个常数因子。例如在 4.3 节，第 3 个多项式是 $L_2(x)=x^2-\frac{1}{3}$，而这里是 $L_2(x)=\frac{3}{2}(x^2-\frac{1}{3})$。注意，这些多项式乘以一个常数不会改变它们的根（这正是我们对高斯求积感兴趣之处），或它们的正交性。

这些多项式称为切比雪夫多项式，并满足奇妙的恒等式：

$$T_n(x) = \cos(n\cos^{-1}x), n \geqslant 0$$

切比雪夫多项式也满足下面的递归式：对 $n = 1, 2, \cdots$，

$$T_{n+1}(x) = 2xT_n(x) - T_{n-1}(x)$$

并且

$$\langle T_j, T_k \rangle = \begin{cases} 0, & \text{如果} j \neq k \\ \pi, & \text{如果} j = k = 0 \\ \pi/2, & \text{如果} j = k > 0 \end{cases}$$

如果我们取前 $n+1$ 个勒让德或切比雪夫多项式，称它们为 $\phi_0, \phi_1, \cdots, \phi_n$，那么这些多项式构成了向量空间 $\mathbf{P_n}$ 的一组基。换句话说，它们形成了一组线性无关的函数，而且，$\mathbf{P_n}$ 上的任一个多项式可以唯一地写成它们的线性组合。这些陈述来自下面的定理，我们将不去证明它。

定理 92

1. 如果 $\phi_j(x), j = 0, 1, \cdots, n$ 是 j 次多项式，则 $\phi_0, \phi_1, \cdots, \phi_n$ 线性无关。
2. 如果 $\phi_0, \phi_1, \cdots, \phi_n$ 在 $\mathbf{P_n}$ 中线性无关，则对任何 $q(x) \in \mathbf{P_n}$，存在唯一的一组数 $c_0, c_1, \cdots, c_n$，使得 $q(x) = \sum_{j=0}^{n} c_j \phi_j(x)$。

习题 5.3-2 求证：如果 $\{\phi_0, \phi_1, \cdots, \phi_n\}$ 是一组正交函数，则它们必定线性无关。

我们已经阐述了用正交多项式解最小二乘问题所需要的东西。让我们回到问题的陈述:

197

给定 $f \in C^0[a,b]$，求一个多项式 $P_n(x) \in \mathbf{P_n}$，它最小化

$$E = \int_a^b w(x)(f(x) - P_n(x))^2 \mathrm{d}x = \langle f(x) - P_n(x), f(x) - P_n(x) \rangle$$

而 $P_n(x)$ 写成正交基多项式的线性组合：$P_n(x) = \sum_{j=0}^{n} a_j \phi_j(x)$。在前一节，我们

用微积分的方法，通过求 E 关于 a_j 的偏导，并设它等于零来解这个问题。现在我们用线性代数：

$$
\begin{aligned}
E &= \left\langle f-\sum_{j=0}^{n} a_j\phi_j, f-\sum_{j=0}^{n} a_j\phi_j \right\rangle \\
&= \langle f,f\rangle - 2\sum_{j=0}^{n} a_j\langle f,\phi_j\rangle + \sum_i\sum_j a_i a_j\langle \phi_i,\phi_j\rangle \\
&= \|f\|^2 - 2\sum_{j=0}^{n} a_j\langle f,\phi_j\rangle + \sum_{j=0}^{n} a_j^2\langle \phi_j,\phi_j\rangle \\
&= \|f\|^2 - 2\sum_{j=0}^{n} a_j\langle f,\phi_j\rangle + \sum_{j=0}^{n} a_j^2\alpha_j \\
&= \|f\|^2 - \sum_{j=0}^{n} \frac{\langle f,\phi_j\rangle^2}{\alpha_j} + \sum_{j=0}^{n}\left[\frac{\langle f,\phi_j\rangle}{\sqrt{\alpha_j}} - a_j\sqrt{\alpha_j}\right]^2
\end{aligned}
$$

最小化关于 a_j 的表达式在如今是显而易见的：简单地选择 $a_j=\dfrac{\langle f,\phi_j\rangle}{\alpha_j}$，那么上述等式的最后一个和 $\sum_{j=0}^{n}\left[\dfrac{\langle f,\phi_j\rangle}{\sqrt{\alpha_j}} - a_j\sqrt{\alpha_j}\right]^2$ 就消为 0。于是，我们已经解出了这个最小二乘问题！最小化误差 E 的多项式是

$$
P_n(x) = \sum_{j=0}^{n} \frac{\langle f,\phi_j\rangle}{\alpha_j}\phi_j(x) \tag{5.13}
$$

其中 $\alpha_j=\langle \phi_j,\phi_j\rangle$。对应的误差为

$$
E = \|f\|^2 - \sum_{j=0}^{n} \frac{\langle f,\phi_j\rangle^2}{\alpha_j}
$$

如果 $\phi_0,\phi_1,\cdots,\phi_n$ 是标准正交的，这些等式可以通过设置 $\alpha_j=1$ 简化。

当我们讨论一些例子时，我们将体会到通过公式 (5.13) 用这种方法计算 $P_n(x)$，而不是通过求解正规方程 (5.11) 的简易性。但首先让我们看看这种方 198

法的另一个优点: 从 $P_n(x)$ 计算 $P_{n+1}(x)$。在等式 (5.13) 中，用 $n+1$ 替代 n 得到

$$P_{n+1}(x)=\sum_{j=0}^{n+1}\frac{\langle f,\phi_j\rangle}{\alpha_j}\phi_j(x)=\underbrace{\sum_{j=0}^{n}\frac{\langle f,\phi_j\rangle}{\alpha_j}\phi_j(x)}_{P_n(x)}+\frac{\langle f,\phi_{n+1}\rangle}{\alpha_{n+1}}\phi_{n+1}(x)$$

$$=P_n(x)+\frac{\langle f,\phi_{n+1}\rangle}{\alpha_{n+1}}\phi_{n+1}(x)$$

这是一个连接 P_{n+1} 和 P_n 的简单递归。

例 93 求用勒让德多项式在 $(-1,1)$ 上逼近 $f(x)=\mathrm{e}^x$ 的三次最小二乘多项式。

解 在等式 (5.13) 中令 $n=3$，并把 ϕ_j 设为 L_j，得到

$$\begin{aligned}P_3(x)=&\frac{\langle f,L_0\rangle}{\alpha_0}L_0(x)+\frac{\langle f,L_1\rangle}{\alpha_1}L_1(x)\\&+\frac{\langle f,L_2\rangle}{\alpha_2}L_2(x)+\frac{\langle f,L_3\rangle}{\alpha_3}L_3(x)\\=&\frac{\langle \mathrm{e}^x,1\rangle}{2}+\frac{\langle \mathrm{e}^x,x\rangle}{2/3}x+\frac{\left\langle \mathrm{e}^x,\frac{3}{2}x^2-\frac{1}{2}\right\rangle}{2/5}\left(\frac{3}{2}x^2-\frac{1}{2}\right)\\&+\frac{\left\langle \mathrm{e}^x,\frac{5}{2}x^3-\frac{3}{2}x\right\rangle}{2/7}\left(\frac{5}{2}x^3-\frac{3}{2}x\right)\end{aligned}$$

其中我们用了 $\alpha_j=\langle L_j,L_j\rangle=\dfrac{2}{2n+1}$ 的事实（见例90）。我们将用在前一章讨论过的 5 个节点的高斯 – 勒让德求积法计算这些内积，它们是 $(-1,1)$ 上的定积分。舍入到 4 位数的结果是

$$\begin{aligned}\langle \mathrm{e}^x,1\rangle&=\int_{-1}^{1}\mathrm{e}^x\,\mathrm{d}x=2.350\\\langle \mathrm{e}^x,x\rangle&=\int_{-1}^{1}\mathrm{e}^x x\,\mathrm{d}x=0.7358\\\left\langle \mathrm{e}^x,\frac{3}{2}x^2-\frac{1}{2}\right\rangle&=\int_{-1}^{1}\mathrm{e}^x\left(\frac{3}{2}x^2-\frac{1}{2}\right)\mathrm{d}x=0.1431\\\left\langle \mathrm{e}^x,\frac{5}{2}x^3-\frac{3}{2}x\right\rangle&=\int_{-1}^{1}\mathrm{e}^x\left(\frac{5}{2}x^3-\frac{3}{2}x\right)\mathrm{d}x=0.020\,13\end{aligned}$$

因此

$$
\begin{aligned}
P_3(x) =& \frac{2.35}{2} + \frac{3(0.7358)}{2}x \\
&+ \frac{5(0.1431)}{2}\left(\frac{3}{2}x^2 - \frac{1}{2}\right) \\
&+ \frac{7(0.020\,13)}{2}\left(\frac{5}{2}x^3 - \frac{3}{2}x\right) \\
=& 0.1761x^3 + 0.5366x^2 \\
&+ 0.9980x + 0.9961
\end{aligned}
$$

例 94 求用切比雪夫多项式在 $(-1,1)$ 上逼近 $f(x)=\mathrm{e}^x$ 的三次最小二乘多项式。

199

解 像前一个例子的解法一样，在等式 (5.13) 中令 $n=3$

$$
P_3(x) = \sum_{j=0}^{3} \frac{\langle f, \phi_j \rangle}{\alpha_j} \phi_j(x)
$$

但现在 ϕ_j 与 α_j 由切比雪夫多项式 T_j 和它所对应的常数替代 (见例 91)，我们有

$$
P_3(x) = \frac{\langle \mathrm{e}^x, T_0 \rangle}{\pi} T_0(x) + \frac{\langle \mathrm{e}^x, T_1 \rangle}{\pi/2} T_1(x) + \frac{\langle \mathrm{e}^x, T_2 \rangle}{\pi/2} T_2(x) + \frac{\langle \mathrm{e}^x, T_3 \rangle}{\pi/2} T_3(x)
$$

考虑其中一个内积

$$
\langle \mathrm{e}^x, T_j \rangle = \int_{-1}^{1} \frac{\mathrm{e}^x T_j(x)}{\sqrt{1-x^2}} \mathrm{d}x
$$

这是广义积分，因为在两端点不连续。但我们可以用变换 $\theta = \cos^{-1} x$ 把积分改写为（见 4.5 节）

$$
\langle \mathrm{e}^x, T_j \rangle = \int_{-1}^{1} \frac{\mathrm{e}^x T_j(x)}{\sqrt{1-x^2}} \mathrm{d}x = \int_{0}^{\pi} \mathrm{e}^{\cos\theta} \cos(j\theta) \, \mathrm{d}\theta
$$

变换后的被积函数是平滑的，而且积分不是广义的，因此我们可以用复合辛

普森公式估算。下面的近似值是在复合辛普森公式中取 $n=20$ 得到的：

$$\langle e^x, T_0\rangle = \int_0^\pi e^{\cos\theta}\,d\theta = 3.977$$

$$\langle e^x, T_1\rangle = \int_0^\pi e^{\cos\theta}\cos\theta\,d\theta = 1.775$$

$$\langle e^x, T_2\rangle = \int_0^\pi e^{\cos\theta}\cos 2\theta\,d\theta = 0.4265$$

$$\langle e^x, T_3\rangle = \int_0^\pi e^{\cos\theta}\cos 3\theta\,d\theta = 0.069\,64$$

因此

$$P_3(x) = \frac{3.977}{\pi} + \frac{3.55}{\pi}x + \frac{0.853}{\pi}(2x^2-1) + \frac{0.1393}{\pi}(4x^3-3x)$$

200

$$= 0.1774x^3 + 0.5430x^2 + 0.9970x + 0.9944$$

正交多项式的 Julia 代码

计算勒让德多项式

勒让德多项式对 $n=1,2,\cdots$ 满足下面的递归式：

$$L_{n+1}(x) = \frac{2n+1}{n+1}xL_n(x) - \frac{n}{n+1}L_{n-1}(x)$$

以及 $L_0(x)=1$ 与 $L_1(x)=x$。

Julia 代码实现了这个递归，只做了一点修改：将下标 $n+1$ 向下移到 n，所以修改后的递归式为：$L_n(x) = \frac{2n-1}{n}xL_{n-1}(x) - \frac{n-1}{n}L_{n-2}(x)$，$n=2,3,\cdots$。

```
In [1]: using PyPlot
        using LaTeXStrings
```

```
In [2]: function leg(x,n)
            n==0 && return 1
            n==1 && return x
            ((2*n-1)/n)*x*leg(x,n-1)-((n-1)/n)*leg(x,n-2)
        end
```

```
Out[2]: leg (generic function with 1 method)
```

下面绘制前 5 个勒让德多项式：

```
In [3]: xaxis=-1:1/100:1
        legzero=map(x->leg(x,0),xaxis)
        legone=map(x->leg(x,1),xaxis)
        legtwo=map(x->leg(x,2),xaxis)
        legthree=map(x->leg(x,3),xaxis)
        legfour=map(x->leg(x,4),xaxis)
        plot(xaxis,legzero,label=L"L_0(x)")
        plot(xaxis,legone,label=L"L_1(x)")
        plot(xaxis,legtwo,label=L"L_2(x)")
        plot(xaxis,legthree,label=L"L_3(x)")
        plot(xaxis,legfour,label=L"L_4(x)")
        legend(loc="lower right");
```

201

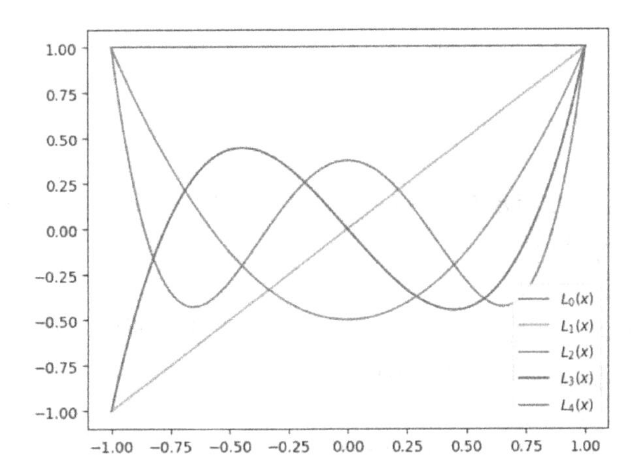

使用勒让德多项式的最小二乘

在例 93 中，我们是用勒让德多项式计算 e^x 的最小二乘近似值。内积是用下面的 5 个节点的高斯 – 勒让德公式。

```
In [4]: function gauss(f::Function)
            0.2369268851*f(-0.9061798459)+
            0.2369268851*f(0.9061798459)+
            0.5688888889*f(0)+
            0.4786286705*f(0.5384693101)+
            0.4786286705*f(-0.5384693101)
        end

Out[4]: gauss (generic function with 1 method)
```

我们需要常数 e，它内置在一个名为 Base.MathConstants 的软件包里（In [5]）。内积 $\left\langle e^x, \frac{3}{2}x^2-\frac{1}{2}\right\rangle = \int_{-1}^{1} e^x(\frac{3}{2}x^2-\frac{1}{2})\,dx$ 是（调用 gauss）计算为 In [6]。

```
In [5]: using Base.MathConstants

In [6]: gauss(x->((3/2)*x^2-1/2)*e^x)

Out[6]: 0.1431256282441218
```

既然我们有一个生成勒让德多项式的代码 leg(x,n)，我们可以在不明确指定勒让德多项式的情况下完成上述计算。例如，因为 $\frac{3}{2}x^2-\frac{1}{2}=L_2$，我们可以直接把函数 gauss 用于 $L_2(x)e^x$：

202

```
In [7]: gauss(x->leg(x,2)*e^x)

Out[7]: 0.14312562824412176
```

下面的函数 polyLegCoeff(f::Function,n) 对任何 f 和 n 计算最小二乘多项式 $P_n(x)=\sum_{j=0}^{n}\frac{\langle f,L_j\rangle}{\alpha_j}L_j(x), j=0,1,\cdots,n$ 中的系数 $\frac{\langle f,L_j\rangle}{\alpha_j}$，其中 L_j 是第 j 个勒让德多项式。注意，代码中的下标已经下移，所以 j 是从 1 而不是从 0 开始。系数是存储在全局数组 A 中。

```
In [8]: function polyLegCoeff(f::Function,n)
            global A=Array{Float64}(undef,n+1)
            for j in 1:n+1
                A[j]=gauss(x->leg(x,(j-1))*f(x))*(2(j-1)+1)/2
            end
        end

Out[8]: polyLegCoeff (generic function with 1 method)
```

一旦系数被计算出来，多项式的估算可以通过调用数组 A 高效地完成。下面的函数 polyLeg(x,n) 估算最小二乘多项式 $P_n(x)=\sum_{j=0}^{n}\frac{\langle f,L_j\rangle}{\alpha_j}L_j(x), j=0,1,\cdots,n$，其中系数 $\frac{\langle f,L_j\rangle}{\alpha_j}$ 从数组 A 得到。

```
In [9]: function polyLeg(x,n)
            sum=0.;
            for j in 1:n+1
                sum=sum+A[j]*leg(x,(j-1))
            end
            return(sum)
        end
```

```
Out[9]: polyLeg (generic function with 1 method)
```

以下把 $y=e^x$ 与用二次和三次勒让德多项式得到的它的最小二乘近似绘制在一个图中。注意，每次用函数 `polyLegCoeff` 求 $(P_n(x))$ 值时都会得到一个新的全局数组 A。

```
In [10]: xaxis=-1:1/100:1
         polyLegCoeff(x->e^x,2)
         deg2=map(x->polyLeg(x,2),xaxis)
         polyLegCoeff(x->e^x,3)
         deg3=map(x->polyLeg(x,3),xaxis)
         plot(xaxis,map(x->e^x,xaxis),label=L"e^x")
         plot(xaxis,deg2,label="Legendre least squares poly of degree 2")
         plot(xaxis,deg3,label="Legendre least squares poly of degree 3")
         legend(loc="upper left");
```

203

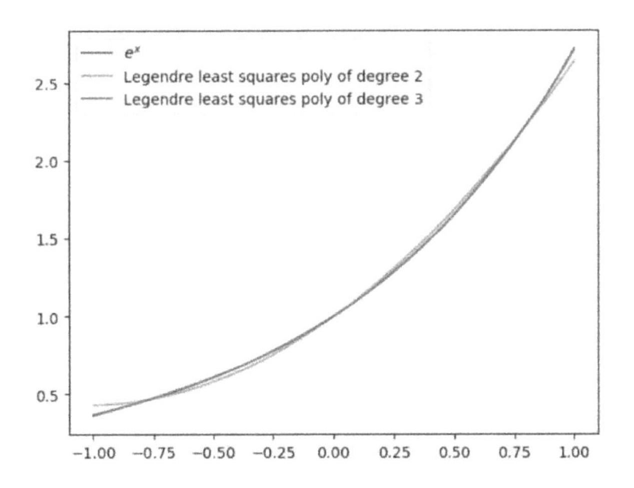

计算切比雪夫多项式

下面的函数实现了切比雪夫多项式所满足的递归：$T_{n+1}(x)=2xT_n(x)-T_{n-1}(x)$，$n=1,2,\cdots$，其中 $T_0(x)=1$ 和 $T_1(x)=x$。注意，在代码中下标从 $n+1$

下移到 n。

```
In [11]: function cheb(x,n)
             n==0 && return 1
             n==1 && return x
             2x*cheb(x,n-1)-cheb(x,n-2)
         end

Out[11]: cheb (generic function with 1 method)
```

204

下面绘制前 5 个切比雪夫多项式：

```
In [12]: xaxis=-1:1/100:1
         chebzero=map(x->cheb(x,0),xaxis)
         chebone=map(x->cheb(x,1),xaxis)
         chebtwo=map(x->cheb(x,2),xaxis)
         chebthree=map(x->cheb(x,3),xaxis)
         chebfour=map(x->cheb(x,4),xaxis)
         plot(xaxis,chebzero,label=L"T_0(x)")
         plot(xaxis,chebone,label=L"T_1(x)")
         plot(xaxis,chebtwo,label=L"T_2(x)")
         plot(xaxis,chebthree,label=L"T_3(x)")
         plot(xaxis,chebfour,label=L"T_4(x)")
         legend(loc="lower right");
```

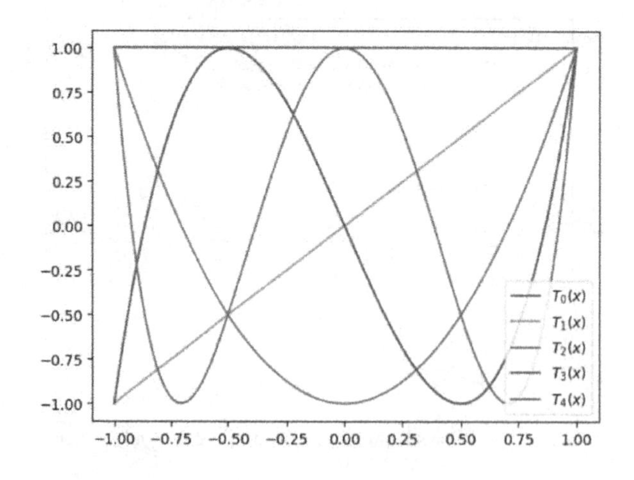

使用切比雪夫多项式的最小二乘

在例 94 中，我们是用切比雪夫多项式计算 e^x 的最小二乘近似值。内积在变换后是用复合辛普森公式计算的。下面是关于我们在前一章讨论过的复合辛普森公式的 Julia 代码。

205

```
In [13]: function compsimpson(f::Function,a,b,n)
             h=(b-a)/n
             nodes=Array{Float64}(undef,n+1)
             for i in 1:n+1
                 nodes[i]=a+(i-1)h
             end
             sum=f(a)+f(b)
             for i in 3:2:n-1
                 sum=sum+2*f(nodes[i])
             end
             for i in 2:2:n
                 sum=sum+4*f(nodes[i])
             end
             return(sum*h/3)
         end

Out[13]: compsimpson (generic function with 1 method)
```

例 94 中的积分是用 $n=20$ 的复合辛普森公式计算的。例如，计算第二个积分 $\langle e^x, T_1\rangle = \int_0^{\pi} e^{\cos\theta}\cos\theta\, d\theta$ 为:

```
In [14]: compsimpson(x->exp(cos(x))*cos(x),0,pi,20)

Out[14]: 1.7754996892121808
```

下面我们编写两个函数 `polyChebCoeff(f::Function,n)` 和 `polyCheb(x,n)`。对任何 f 和 n, 第 1 个函数计算最小二乘多项式 $P_n(x)=\sum_{j=0}^{n}\frac{\langle f,T_j\rangle}{\alpha_j}T_j(x)$, $j=0,1,\cdots,n$ 中的系数 $\frac{\langle f,T_j\rangle}{\alpha_j}$，其中 T_j 是第 j 个切比雪夫多项式。注意，代码中的下标已经下移，所以 j 是从 1 而不是从 0 开始。系数存储在全局数值 `A` 中。

类似于例 94 中的推导，积分 $\langle f,T_j\rangle$ 被变换为积分 $\int_0^{\pi} f(\cos\theta)\cos(j\theta)\, d\theta$，然后通过 `polyChebCoeff` 用复合辛普森公式计算变换后的积分。

```
In [15]: function polyChebCoeff(f::Function,n)
             global A=Array{Float64}(undef,n+1)
```

```
        A[1]=compsimpson(x->f(cos(x)),0,pi,20)/pi
        for j in 2:n+1
            A[j]=compsimpson(x->f(cos(x))*cos((j-1)*x),0,pi,20)*2/pi
        end
    end
```

206

```
Out[15]: polyChebCoeff (generic function with 1 method)
```

```
In [16]: function polyCheb(x,n)
        sum=0.;
        for j in 1:n+1
            sum=sum+A[j]*cheb(x,(j-1))
        end
        return(sum)
    end
```

```
Out[16]: polyCheb (generic function with 1 method)
```

以下我们把 $y=e^x$ 与用二次和三次切比雪夫基多项式得到的它的最小二乘近似绘制在一个图中。

```
In [17]: xaxis=-1:1/100:1
    polyChebCoeff(x->e^x,2)
    deg2=map(x->polyCheb(x,2),xaxis)
    polyChebCoeff(x->e^x,3)
    deg3=map(x->polyCheb(x,3),xaxis)
    plot(xaxis,map(x->e^x,xaxis),label=L"e^x")
    plot(xaxis,deg2,label="Chebyshev least squares poly of degree 2")
    plot(xaxis,deg3,label="Chebyshev least squares poly of degree 3")
    legend(loc="upper left");
```

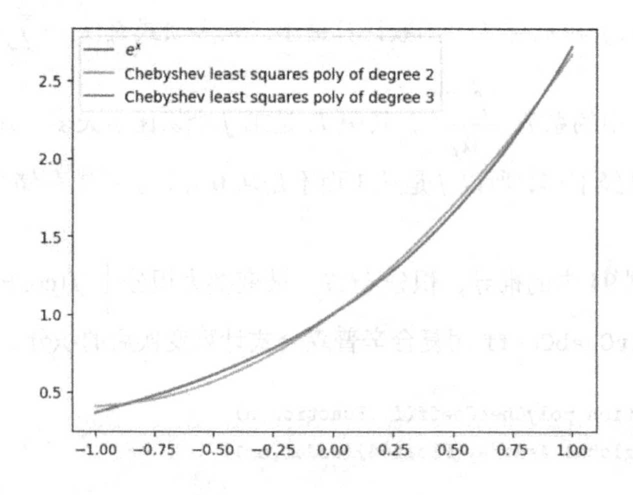

三次勒让德逼近和切比雪夫逼近很难与函数区分。让我们比较一下由勒让德多项式和切比雪夫多项式得到的二次逼近。下面，你可以直观地看到切比雪夫在区间的端点处有更好的近似。这是预期的吗？ 207

```
In [18]: xaxis=-1:1/100:1
         polyChebCoeff(x->e^x,2)
         cheb2=map(x->polyCheb(x,2),xaxis)
         polyLegCoeff(x->e^x,2)
         leg2=map(x->polyLeg(x,2),xaxis)
         plot(xaxis,map(x->e^x,xaxis),label=L"e^x")
         plot(xaxis,cheb2,label="Chebyshev least squares poly of degree 2")
         plot(xaxis,leg2,label="Legendre least squares poly of degree 2")
         legend(loc="upper left");
```

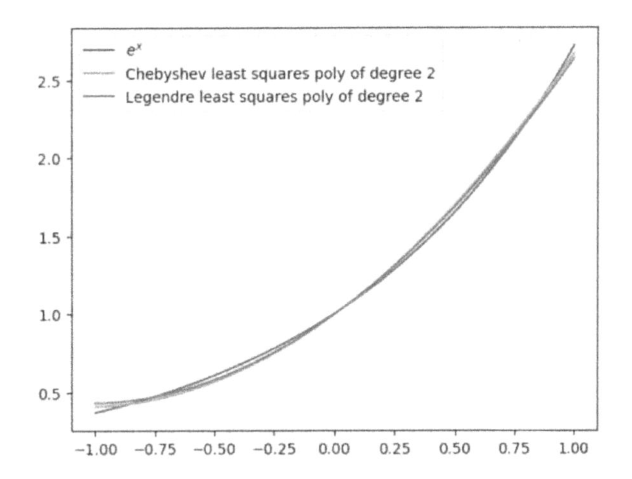

下面，我们比较 $f(x)=e^{x^2}$ 的二次最小二乘多项式逼近。比较勒让德和切比雪夫多项式近似在中间区间和接近端点时的效果。

```
In [19]: f(x)=e^(x^2)
         xaxis=-1:1/100:1
         polyChebCoeff(x->f(x),2)
         cheb2=map(x->polyCheb(x,2),xaxis)
         polyLegCoeff(x->f(x),2)
         leg2=map(x->polyLeg(x,2),xaxis)
         plot(xaxis,map(x->f(x),xaxis),label=L"e^{x^2}")
         plot(xaxis,cheb2,label="Chebyshev least squares poly of degree 2")
         plot(xaxis,leg2,label="Legendre least squares poly of degree 2")
         legend(loc="upper center");
```

208

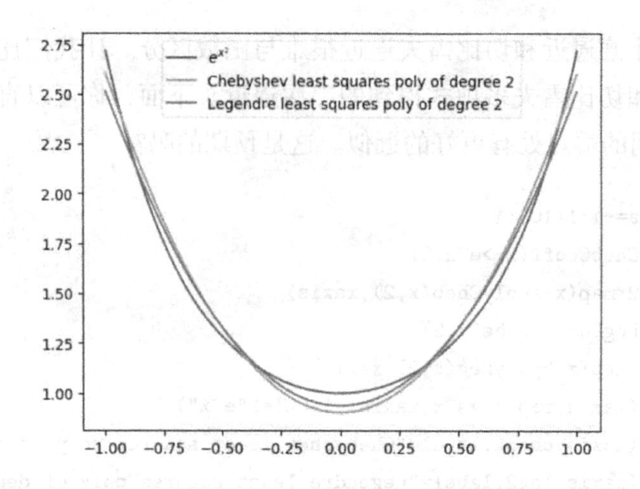

习题 5.3-3　使用 Julia 和切比雪夫基多项式计算逼近 $\sin 4x$ 的最小二乘多项式 $P_2(x), P_4(x), P_6(x)$。将这些多项式和 $\sin 4x$ 一起绘制出来。

209

参考文献

[1] Abramowitz, M., and Stegun, I.A., 1965. Handbook of mathematical functions: with formulas, graphs, and mathematical tables (Vol. 55). Courier Corporation.

[2] Chace, A.B., and Manning, H.P., 1927. The Rhind Mathematical Papyrus: British Museum 10057 and 10058. Vol 1. Mathematical Association of America.

[3] Atkinson, K.E., 1989. An Introduction to Numerical Analysis, Second Edition, John Wiley & Sons.

[4] Burden, R.L, Faires, D., and Burden, A.M., 2016. Numerical Analysis, 10th Edition, Cengage.

[5] Capstick, S., and Keister, B.D., 1996. Multidimensional quadrature algorithms at higher degree and/or dimension. Journal of Computational Physics, 123(2), pp.267-273.

[6] Chan, T.F., Golub, G.H., and LeVeque, R.J., 1983. Algorithms for computing the sample variance: Analysis and recommendations. The American Statistician, 37(3), pp.242-247.

[7] Cheney, E.W., and Kincaid, D.R., 2012. Numerical mathematics and computing. Cengage Learning.

[8] Glasserman, P., 2013. Monte Carlo methods in Financial Engineering. Springer.

[9] Goldberg, D., 1991. What every computer scientist should know about floating-point arithmetic. ACM Computing Surveys (CSUR), 23(1), pp.5-48.

[10] Heath, M.T., 1997. Scientific Computing: An introductory survey. McGraw-Hill.

[11] Higham, N.J., 1993. The accuracy of floating point summation. SIAM Journal on Scientific Computing, 14(4), pp.783-799.

[12] Isaacson, E., and Keller, H.B., 1966. Analysis of Numerical Methods. John Wiley & Sons.

索　　引

索引中的页码为英文原书页码，与书中页边标注的页码一致。

推荐阅读

线性代数高级教程：矩阵理论及应用

作者：Stephan Ramon Garcia 等 ISBN：978-7-111-64004-2 定价：99.00元

矩阵分析（原书第2版）

作者：Roger A. Horn 等 ISBN：978-7-111-47754-9 定价：119.00元

代数（原书第2版）

作者：Michael Artin ISBN：978-7-111-48212-3 定价：79.00元

概率与计算：算法与数据分析中的随机化和概率技术（原书第2版）

作者：Michael Mitzenmacher 等 ISBN：978-7-111-64411-8 定价：99.00元

推荐阅读

数学分析原理（英文版·原书第3版·典藏版）

作者：（美）Walter Rudin 书号：978-7-111-61954-3 定价：569.00元

初等数论及其应用（原书第6版）

作者：（美）Kenneth H.Rosen 书号：978-7-111-48697-8 定价：89.00元

代数组合论：游动、树、表及其他

作者：（美）Richard P. Stanley 书号：978-7-111-49782-0 定价：49.00元

实分析（原书第4版）

作者：（美）H. L. Royden等 书号：978-7-111-63084-5 定价：129.00元